バトル運動会@戦車学校

メルカヴァMk.Ⅳ
士魂
秋山

Strv103
式戦車
99A式戦車
式戦車
74式戦車
G型

異世界転生で戦車太郎

登場戦車 カラー図版集

図版／田村紀雄（特記以外）

式戦車

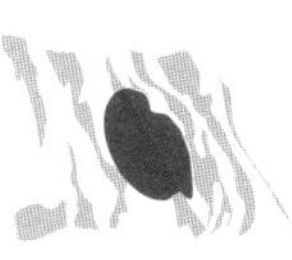

陸上自衛隊の戦車

60式自走
106mm
無反動砲

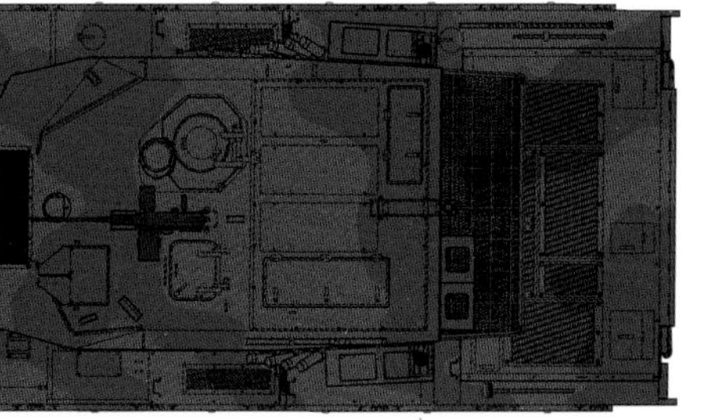

車

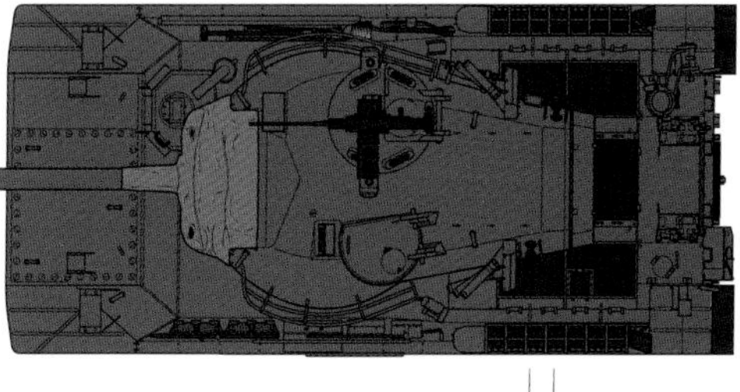

61式戦車

ウロ

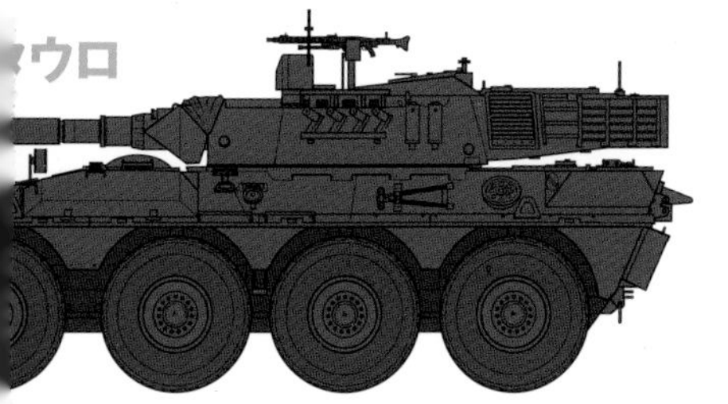

マガフ7C

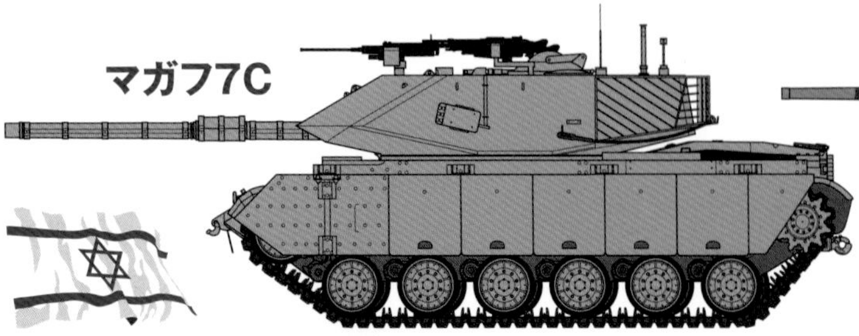

イスラエルの戦車

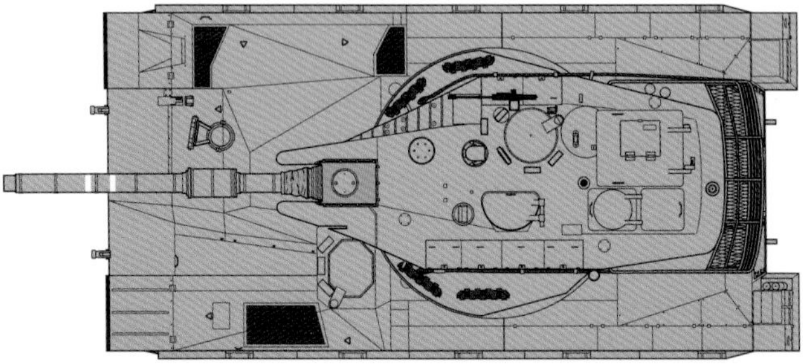

メルカヴァMk.Ⅰ

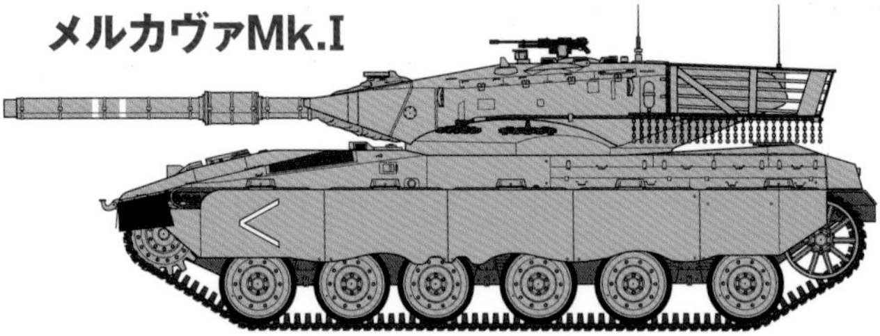

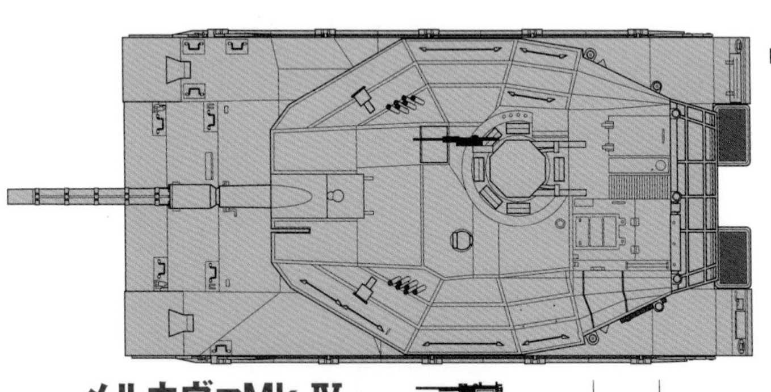

メルカヴァMk.Ⅳ

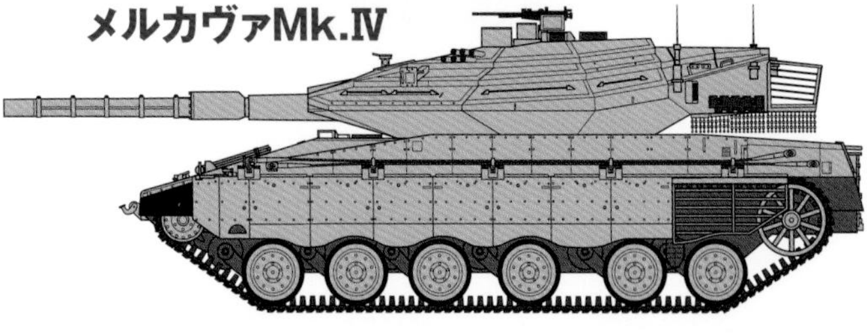

Ikv91

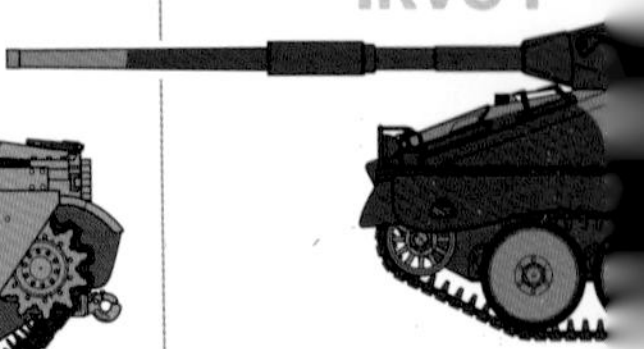

中国の戦車

59-Ⅱ式戦車

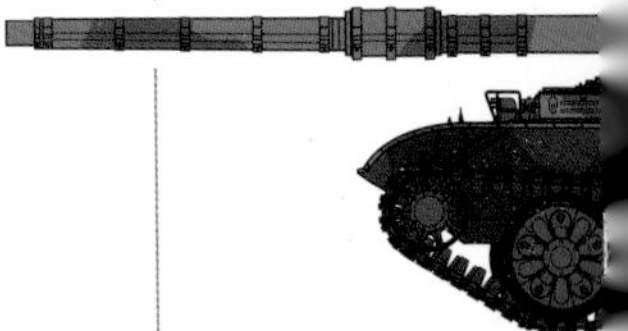

99

韓国

K2戦車

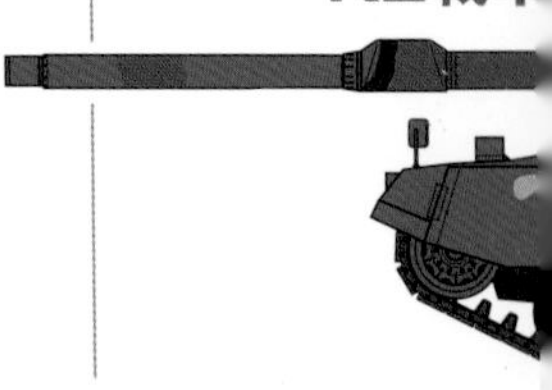

スウェーデンの戦車
Strv103C
905
80式戦車
式戦車
K1戦車
の戦車

10式戦車
74式
16式機動戦闘車
（図／おぐし篤）
90式戦
イタリアの戦車
C1アリエテ
B1チェンタ

萌えよ！戦車学校 戦後編Ⅲ型

日本・イスラエル・スウェーデン イタリア・中国・韓国の戦車

文／田村尚也
イラスト／野上武志

ドーン

ドン

ザワ

ザワ

今回は夏祭りね♥

あれ？ナターリャとエリカはどこデス？

ナターリャは
屋台全店制覇の
旅に出たわ
しばらくは
帰ってこない
わよ…
あーーん
エリカは
「役目」が
あるって――
ざりッ！
萌えよ！
戦車学校
戦後編Ⅲ型！
戦車解説編の
ラストを
飾ります本巻！

戦後
日本戦車
開発史！

戦後70年を
平和に過ごした
経済大国の
戦車とは!?

大増P（ページ）
3回に渡って
お送りします！

続いて
おなじみ
イタリア担当
エリカと共に――
スウェーデン担当
新キャラ！
カロリナ・
グスタフソン!!
2人でイタリアと
スウェーデンの
戦車を紹介します！

そして第二次大戦後の特異点！
イスラエル戦車をフィーチャーします！
来たデス！イスラエル戦車！
戦後日本とはある意味真逆よね
虐げられたユダヤ人のため建国されたこの国の国是は――
「同情されながら滅ぶより世界を敵に回しても生き残る！」
紹介は新キャラアロナ・シャロンが担当します！
そしてトリは――――！

中華人民共和国人民解放軍の戦車と――
大韓民国の戦車！
緊迫する東アジア情勢の主人公たちと言っても過言ではないでしょう！
紹介は彭甜（ポン・ティエン）と――
ペク・ジアンが担当します！
さて今回も
はじまりはじまりー♥

戦後戦車の各部名称

第2世代主力戦車（74式戦車）

（写真/陸上自衛隊）

第3世代主力戦車（90式戦車）

（写真/陸上自衛隊）

生徒心得！

第二次世界大戦を通じて、世界の主要各国の陸軍では、機甲部隊こそが攻撃兵力の中核と考えられるようになった。

しかし、1945年に第二次世界大戦が終結すると、その後の対戦車ミサイルに代表される精密誘導兵器の発達や、航空機による対地攻撃の威力の増大などによって、機甲部隊の地位は大戦中に比べるとやや低下していったといえよう。

それでも、大規模な正規軍同士が激突する戦場では、現代においても機甲部隊がいまだに重要な攻撃兵力と考えられている。

そこで『萌えよ！戦車学校』Ⅰ型〜Ⅷ型の続編にあたる「戦後編」では、第二次世界大戦後の主要各国の機甲部隊の装備や編制、戦術などを見てきた。具体的には、「戦後編」Ⅰ型ではアメリカとソ連／ロシアを、同Ⅱ型ではイギリス、フランス、ドイツ（おもにソ連製の兵器を装備していたドイツ人民共和国ではなくドイツ連邦共和国。かつての西ドイツ）を見てきた。

そして、この「戦後編」Ⅲ型では、日本の陸上自衛隊を中心として、イスラエル、イタリア、スウェーデンなど、これまで取り上げてこなかった国々を取り上げてみようと思う。

なお、文中で取り上げる装備や編制は、あくまでも代表的な例であり、時期や部隊の違いなどによって数多くの例外が存在すること、わかりやすさを優先して、専門用語を一般的な表現に変えたり、説明を端折ったりした部分があることをご了承いただきたい。

また、専門用語など説明を進めるうえで必要な基礎知識については、『萌えよ！戦車学校』を参照していただきたい。

では、授業開始！

もくじ

文・イラスト監修／田村尚也　イラスト・マンガ／野上武志
戦車図版／田村紀雄、おぐし篤
写真提供／陸上自衛隊、U.S.Army、wikimedia commons、イカロス出版 etc.
作画スタッフ／松田重工、木村榛名、清水誠、松田未来
協力／Anastasia.S.Moreno、から、カワチタケシ、黒葉鉄、兼光ダニエル真、日野カツヒコ、ぶきゅう、むらかわみちお、吉川和篤（50音順）

用語解説

●戦車の分類法

戦車は、さまざまな方法によっていくつかの種類に分類することができる。

第二次世界大戦前から戦後しばらくの間まで、もっともよく使われた分類法が、戦車を重量で区分する方法だ。軽い方から順番に「軽戦車」「中戦車」「重戦車」に分けられる。ただし、重量に明確な基準は無く、時代とともに変化している。

その後、世界の主要各国では、火力、防御力、機動力を（国ごとに多少の偏りはあるものの）バランスよく備えた、様々な任務をこなすことのできる中戦車を主力とするようになり、機動力の低い重戦車は価値を失い、防御力や火力の低い軽戦車も姿を消していった。そして、従来の重戦車や軽戦車を兼ねるオールマイティーな中戦車は、やがて戦車部隊の主力を務める主力戦車（Main Battle Tank 略してMBT）と呼ばれるようになった。

現在、主要各国の戦車部隊は、すべてMBTを主力としている。

●滑腔砲とライフル砲

現代の戦車に搭載されている戦車砲は、おもに戦車を砲撃するための火砲で、敵戦車の分厚い装甲を打ち破るために弾丸を超高速で撃ち出すことができる。

戦車砲は、大きく分けるとライフル砲（施条砲）と滑腔砲の二種類に分類することができる。

このうち、ライフル砲は、ライフルと同じように砲弾にスピン（旋転）をかけて弾道を安定させるため、砲身の内側に弾丸にスピンをかけるための溝が刻みこまれている。これがライフリング（腔線）だ。

砲身の内側にライフリングを持たない火砲を滑腔砲と呼ぶ。砲弾をスピンで安定させるのではなく、砲弾に翼（フィン）を付けて弾道を空力的に安定させるので、砲身の内側にライフリングが無い。

なお、自走砲にはおもに榴弾砲が搭載されている。榴弾砲を搭載していない一部の対戦車用などの自走砲と区別するため、榴弾砲を搭載する自走砲を、とくに自走榴弾砲と呼んで区別することもある。

この榴弾砲は、戦車のような装甲を持たない非装甲目標に対して大きな威力を発揮する榴弾をおもに発射する。

●固定弾と分離装填弾

砲弾を撃ちだすための火薬（発射薬）を火砲に装填できるように組み立てたものを装薬と呼ぶ。この装薬と、目標に向かって撃ち出される弾丸をあわせて弾薬と呼ぶ。

戦車砲の弾薬は、拳銃やライフルの弾薬と同じように、装薬の入った薬莢と弾丸が一体になっている固定弾が多い。固定弾は装薬と弾丸を一挙に装填できるので、装填時間を短縮して主砲の発射速度を速くできる。

ただし、口径の大きな戦車砲では、固定弾にすると重くなりすぎて装填時間がかかってしまい、かえって発射速度が遅くなってしまうので、装薬と弾丸を別々に装填する分離装填弾を使うものもある。

一般に固定弾に使われる薬莢は金属製だが、戦車砲弾の中には発射時に薬莢部が燃焼してしまう焼尽薬莢を使うものも少なくない。

●徹甲弾と榴弾

戦車砲から発射される弾丸は、発煙弾などの特殊なものを除くと、戦車などの装甲目標用と歩兵などの非装甲目標用の二種類に大きく分けることができる。

このうち、装甲目標用には、おもに金属の塊を装甲板に叩きつけて貫通し、車内を跳ね回って乗員や内部の機器を破壊する「徹甲弾」が使われる。

初期の「徹甲弾」（Armor Piercing 略してAP）は単純な金属の固まりだったが、やがて砲口から撃ち出されると弾芯を包んでいる装弾筒が外れて空気抵抗の小さい弾芯だけが飛んでいく装弾筒付徹甲弾（Armor Piercing Discarding Sabot 略してAPDS）や、細長い弾芯の飛翔を安定させるために安定翼を取り付けた装弾筒付翼安定徹甲弾（Armor Piercing Fin-Stabilized Discarding Sabot 略してAPFSDS）などが使われるようになった。

また、命中した瞬間に砲弾に内蔵された中央部が凹んだ形状の炸薬が爆発し、炸薬の表面に貼り付けられた金属を高温高圧で融解させて炸薬の凹みの中心軸に収束させ、超高速で装甲板に叩きつけて装甲を貫通する成形炸薬弾（High Explosive Anti-Tank 略してHEAT、対戦車榴弾とも呼ばれる）や、炸薬を内蔵した柔らかい弾体が命中時に装甲板にへばりついてから爆発し、装甲の内側を爆発のショックで吹き飛ばす粘着榴弾（High Explosive Squash Head 略してHESHまたは High Explosive Plastic 略してHEP）なども使われるようになった。

一方、非装甲目標用には榴弾（High Explosive 略してHE）が使われる。内部には炸薬が充填されていて、地面などにぶつかった時に炸裂し、周囲に爆風や弾丸の破片をまき散らす。歩兵などの非装甲目標には大きな効果を発揮するが、ちょっとした装甲があれば爆風や弾片程度なら防げるので、よほどの大口径弾でない限り装甲目標に対しては効果が小さい。

現代の戦車では、成形炸薬弾に榴弾の効果を持たせて非装甲目標にも効果を発揮する多目的成形炸薬弾（HEAT-Multi Purpose 略してHEAT-MP）も多用されている。

●装輪車／装軌車／半装軌車

一般の乗用車のように車輪で走る車両を装輪車、無限軌道（いわゆるキャタピラ）で走る車両を装軌車、と呼ぶ。また、前が車輪、後ろが無限軌道＊の車両を半装軌車、英語で「ハーフトラック（Half-track）」と呼ぶ。トラックとは軌道のこと（貨物自動車のTruckではない）で、半分が無限軌道なのでハーフトラックというわけだ。

代表的な対戦車砲弾

AP（徹甲弾）

APC（被帽付徹甲弾）
被帽

APCR（徹甲芯弾）
弾芯

APDS（装弾筒付徹甲弾）
装弾筒
弾芯

APFSDS（装弾筒付翼安定徹甲弾）
弾芯
安定翼

HEAT（対戦車榴弾）＝（成形炸薬弾）
炸薬

HESH（粘着榴弾）

成形炸薬弾（HEAT）の効果の模式図

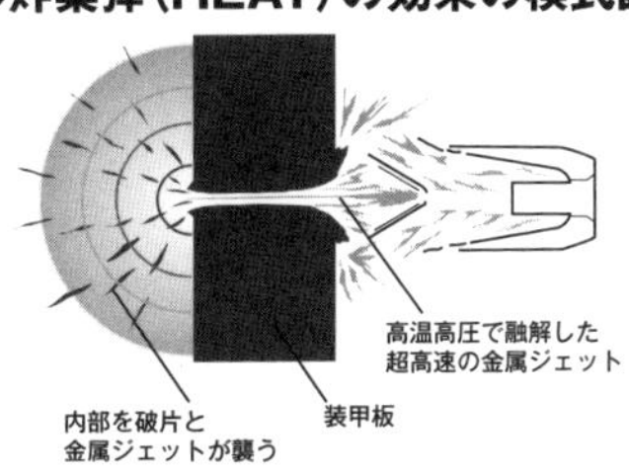

●「編制」と「編成」

編制とは、正規に定められた永続的な部隊の構成のことをいう。また、編成とは、編制に基づかずに臨時に定める部隊の構成のこと、あるいは必要に応じて所定の編制をとらせることをいう。例えば「師団の編制を崩して、臨時に支隊を編成する」といった使い方をする。逆に「臨時に編制する」とか「正規編成の師団」といった使い方は、厳密にはまちがいだ。

同じ発音の両者を区別して、編制を「へんだて」、編成を「へんなり」と呼び分けたりすることもある。また、正規の部隊編制を「建制」、臨時の部隊編成を「軍隊区分」ということもある。

＊＝後ろが車輪で前がキャタピラの半装軌車も存在する。

第一講
陸上自衛隊の戦車 その1
ついに自衛隊戦車編が開幕よ！
われらがチハたんの子孫だね！
――昭和20年（1945年）8月――
大日本帝国
堪え難きを
…堪え
忍び難きを
忍び
以て万世の
敗戦

くわっっ！
日本軍はヤバすぎるから
解・体！
ブブブブブブ
くいっ
しかし1950年、朝鮮戦争が勃発！日本は資本主義陣営の防波堤に！
ギャー
HELP!
日本まで連合軍が守る余裕ないなぁ…やっぱり日本軍…
じゃなくて警察予備隊の設置を「許可」する！
吉田首相
許可という事実上の命令ね
戦車もM4とかM24をあげるから再軍備しといて
ポイ
ポイ
なお、当時は「戦車」は「戦」がまずいってことで「特車」と呼ばれてたのよ
ずも
「特車」デスかぁ…
も
も
も
警察の特殊車両扱いなのは一緒ね

で、にほんりくぐ…
じゃなくて陸上自衛隊が
初めて開発した
装甲戦闘車両が、
60式自走106㎜無反動砲ね
重さは8トンで、戦前の
九五式軽戦車並みよ

ちっちゃくてカワイイ♡

豆戦車に
大砲が
2つ付いてる!
かわいいー!

でもムハンドー
砲ってなに?

それは
メイトリックス
大佐の…

セシル

それは
コマンドー

あとそれは
M202ロケット
ランチャー

ムハンドー

無反動砲は、撃ち出される弾丸と同じ質量の物体や爆風を砲の後ろから放出して…
ふつう、弾はうしろから入れる
初速は遅いから対戦車攻撃にはHEATを使うの
ガス圧
駐退復座機構や頑丈な砲架を省略した砲のことだよ
パンツァーファウストも同じ無反動砲です
60式自走106㎜無反動砲が撃ち出すHEATの有効射程は1100m。30度傾斜した152㎜の装甲を貫通できるわ
装甲は前面上部が14㎜、下部が16㎜、側面と後面は9㎜とペラペラ…
あくまで小さい体を活かして待ち伏せするAFVなのね
ドゥワッ
ただ、発射したら後方爆風で場所がバレちゃうし2発撃ったら外から装填しないといけないし…
かなりリスキーなAFVだね

そして、1955年に陸自は新戦車の開発を本格的に始めたの
ナルほど
10年のブランクを経て戦車開発に復帰したわけデスな…
アメリカ先生…!!
エリカ
秋山
………

日本人の小柄な体格や

複雑な日本の地形に合った

戦車の開発がしたいです……

★ゼロからの出発――!

イギリス

西ドイツ

自衛隊

フランス

あと、自主防衛がんばりますので在日米軍経費の分担金を減らしてください…

90㎜砲の装備が決まって、重さは最初は25トンだったけど、
結局ギリギリ鉄道輸送できる上限の35トンになって…
装甲は以上の枠内でできるだけ充実させる、ということになったわ
道路も橋も整ってない当時の日本では、巨大な戦車は鉄道輸送するのが普通だったのね
大蔵省
貧。。。

大戦終結までに蓄積した技術と戦後にアメリカから学んだ技術を活かして開発が進み…
昭和36年度に制式化されたのが
この61式戦車よ!
車体はチハたん、砲塔はパットンぽいですナ
砲塔が丸っこくて、主砲の先がツノみたいで、カブトムシっぽいね?
ZOID
主砲の先の煙突みたいなものは砲口制退機よ。
横に発射ガスを逃がして反動を抑えるの。地面から土煙を撒き上げにくくして、視界を確保する効果もあるわ
ポウッ!
90㎜砲はアメリカの戦車駆逐車M36ジャクソンの主砲を元にして開発されたの
どんな判断だよ…
車体前面装甲の一部がボルト留めされてるのは、トランスミッション点検のためなのね。でも被弾したら大変そう…

ギアチェンジはM4やM24より難しくて

チェンジレバーの跳ね返りで左腕の腕時計が壊れたり、指を骨折した人もいるんだって

T-62

M60パットン

1960年代には105mm砲〜120mm砲を搭載した

レオパルト1

AMX30

「戦後第2世代戦車」が登場しているから

同世代の戦車と比べると強力とは言えないけど…

61式の開発経験があったから、74式や90式がスムーズに開発できたと言っても過言じゃないですね

当時の日本の国力といろんな制約を考えれば十分立派な戦車だったと思うわ

イテテ…

失敗してナンボよ！

そっか、ロクイチなくして自衛隊戦車なし！なんだね！

こうして冷戦期の日本を守った61式は、
実戦を経験しないまま2000年には全車が退役したわ
くぅ〜疲れましたw
これにて退役です！
そんなコトないデスよ！
怪獣と戦ったりタケダ騎馬軍団と戦ったり
意地悪な学校のセンセイと戦ったり大活躍じゃないデスか！
ま、「戦国自衛隊」とか「僕らの七日間戦争」の61式はレプリカだけど、映画とかでも親しまれた戦車よね〜

第一講

陸上自衛隊の戦車 その1

ついにおなじみ陸上自衛隊の戦車の出番だね〜！

ご存知のように戦前〜戦中の日本軍の戦車は、独ソ米英の戦車と比べるとかなり見劣りしたわ…。

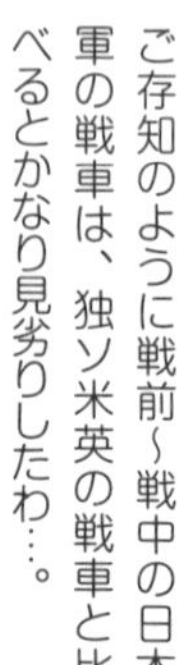

1945年でも主力が九七式中戦車ですからね…。

チハたんばんじゃーい！

で、第二次大戦敗戦後、数年経って実質的に再軍備した日本は、アメリカからM4やM24を供与されたんだね。

で、そのあと日本が戦後初めて開発した国産AFV（装甲戦闘車両）が、豆戦車クラスの装軌車に、軽くてそこそこの対戦車火力がある無反動砲を載っけた、60式自走106㎜無反動砲よ。

主砲が2門あって、（地球連邦軍の）61式戦車のようでゲソ！

本物の61式戦車が出てくる回で、ややこしい表現するわね…。

106㎜砲2門ってことは、90㎜砲1門の61式戦車より強いのかな！

でも、無反動砲は初速が遅くて射程が短く、成形炸薬弾しか使えないよ。1発撃ったら外に出て装填しないとだし…。普通に61式の90㎜砲のほうがいいでしょ。

え、外で弾込めるの？ こわー！

オントスもそうだけど、使い方が難しいんだよね、自走無反動砲…。

続いて戦後日本初の戦車として開発されたのが61式戦車ね。これは90㎜砲を搭載した戦後第1世代戦車よ。

欧米の第1世代戦車に比べると、小柄な戦車ですね。

ええ、61式戦車は、90㎜砲の搭載を前提にして、日本の複雑な地形でも動きやすく、鉄道で輸送しやすいように、サイズを小さく、重量も軽くしているわ。それでも最初の案だと25トンだったんだけど…。

でも装甲は薄そうですね…。

そうね、とくに車体の装甲防御はかなり貧弱だったから、戦車壕や稜線でハルダウンして砲塔だけ出しての待ち伏せが主戦法よ…。

マサに「戦車壕掘って埋まってますぅ」状態デスな！

ぶっちゃけ、どれくらいのつよさだったの？

当初の仮想敵のT-34-85だったら互角以上にやれるけど、100㎜砲のT-55だとやや苦戦、115㎜砲のT-62が来たら「**あっ、ホンマ…（絶句）**」としか言いようがないわ…。

まあ、性能うんぬんより、日本が戦後初めて作ったちゃんとした戦車、ってところに意義があるのよね。

そんなわけで、ほどなくして61式の後継戦車の開発が始まるわけだけど、それはまた次回ね。

一時間目 陸上自衛隊の戦車 その1

アメリカ製戦車の導入

第二次世界大戦で敗れた日本は、アメリカ陸軍の4個師団を主力とする連合軍に占領されて、国家としての主権を失い、日本の陸海軍は解体された。その連合軍の最高司令官が、アメリカ陸軍のダグラス・マッカーサー元帥だ。そのマッカーサーは、1947年に極東方面のアメリカ陸海軍部隊を統括する極東軍(Far East Command 略してFECOM)が新編されると、その総司令官も兼務することになった。

1950年6月、北朝鮮軍の奇襲によって朝鮮戦争が始まると、マッカーサーは日本に進駐していたアメリカ軍部隊を次々と朝鮮半島に送り込んだ。翌7月には、マッカーサーはアメリカ軍を中心とする国連軍[*1]の総司令官に任命されるとともに、日本の吉田茂首相に対して「7万5000人からなるナショナル・ポリス・リザーブの設置を許可(オーソライズ)する」という書簡を発した。もっとも「許可する」とはいっても、日本政府が願い出たものではなく、連合軍最高司令官総司令部(GHQ)からの事実上の「命令」だった。

*1=ソ連は国連安全保障理事会をボイコットしていたため成立。

アメリカからの供与戦車その1

陸自のシャーマンは、長砲身76mm砲を搭載して水平渦巻バネ式懸架装置(HVSS)を持つM4シリーズの完成形、M4A3ね。

HVSSを付けた試作車にはE8の名称が付いてたの。有名な『イージーエイト』ね

まんまアメリカ陸軍の戦闘服っぽいデザイン。

警察予備隊の制服

それの元ネタよ…

連邦のツノ無しですな?

M4A3シャーマンは車体内部も76mm砲弾もアメリカンサイズで、当時の日本人には大きすぎたんだって。

こうして警察予備隊の設置が決まり、同年8月には法的な根拠となる警察予備隊令が公布された。この政令はGHQの命令によって定められた、いわゆる「ポツダム政令」であり、日本の国会での審議や議決を経た法律ではなかった。そのため、国会で再軍備の議論が紛糾することもなかったのだ。

同年10月、中国軍[*2]が朝鮮戦争に参戦。これに衝撃を受けたマッカーサーは、警察予備隊に必要な装備として、アメリカ陸軍の重装備の歩兵師団4個分にほぼ相当する数量を本国の陸軍省に要求。この中には90㎜砲搭載のM26中戦車（当初は重戦車に分類されていた）307両も含まれていた。

しかし、マッカーサーは、中国への原爆使用などをめぐってハリー・S・トルーマン大統領と対立し、1951年4月に解任されてしまう。

結局、M26中戦車の日本への供与は実現せず、1952年から同じくアメリカ製で76㎜砲搭載のM4A3中戦車や、75㎜砲搭載のM24軽戦車が供与されることになった。日本では、当初はM4A3特車やM24特車と呼ばれたが、のちに特車は戦車に改称されることになる。

これに先立って、日本は1951年に連合国各国と「サンフランシスコ平和条約」に調印しており、翌1952年に同条約が発効して主権を回復している。

*2＝表向きは志願兵（人民志願軍）のかたちをとった。

アメリカからの供与戦車その2

60式自走106㎜無反動砲の開発

警察予備隊は、1952年に保安隊に改組され、1954年には陸上自衛隊に改組された。

これに先立って、1953年に第1幕僚監部（後の陸上幕僚監部。以下、組織名はすべて当時のもの）で「装軌ジープ」の開発構想が持ちあがった。ここから、日本軍の九四式軽装甲車などに着想を得た「豆タンク」に、アメリカ軍がジープに搭載しているとの情報を得た105㎜無反動砲を双連（2連装のこと）で搭載する対戦車車両の構想に発展。空冷ディーゼル・エンジン搭載の小さな車体に105㎜無反動砲双連の隠顕式砲架を載せた装軌式装甲車両が開発されることになった。

この車両は、開発のスタート時点ではSSという略記号で呼ばれたが、のちに試製56式自走105㎜無反動砲と呼ばれている。この「SS」は「装軌装甲（Soki-Soko）」あるいは「装甲戦闘車」「装甲装軌車」から来ているとも言われている。

そして第1幕僚監部からの提案要請に、第二次世界大戦中には戦車の生産に関わっていた3社が応じて、小松からエンジンを車体前部に置く後輪起動の案、日野からエンジンを車体中央部に置く前輪起動の案、三菱からエンジンを車体後部に置く前輪起動の案がそれぞれ提出された。

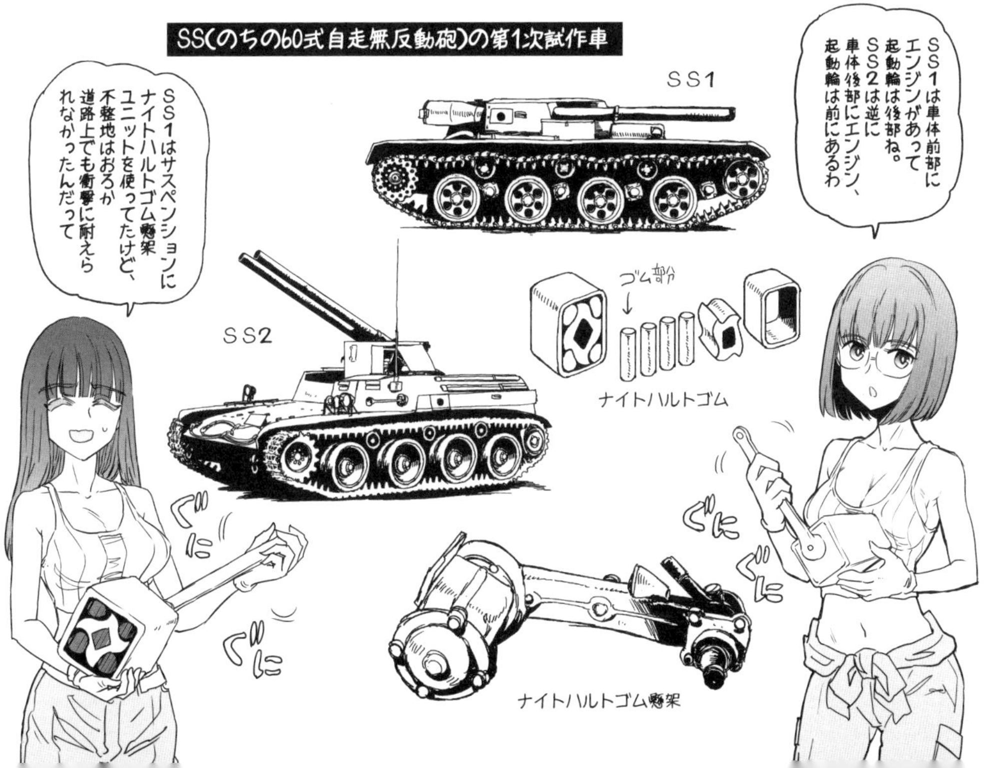

SS（のちの60式自走無反動砲）の第1次試作車

ちょうどこの頃、後述するように国産戦車の開発が決まり、その担当を三菱にする代わりに、本車の担当を小松にすることが決まった。ただし、第一次試作は小松と三菱の両社が行って技術交換を図り、両社の協力による防衛庁の図面により以後の開発を進めることになったという。

そして1955年度予算で、第1次試作として小松でSS1が、三菱でSS2が、それぞれ1両ずつ製作された。砲は日本製鋼所の担当とされ、SS2の砲架も同社が製作したが、SS1の砲架は小松が製作した。

次いで1956年度予算で、第2次試作として小松でSS3が2両（搭載無線機が異なる指揮車と一般車が各1両）製作された。このSS3は、砲だけでなく砲架も日本製鋼所のものになっている。SS3の全体のレイアウトはSS2に準じているものの、下部転輪（ロード・ホイール）が片側4個から5個になるなど各部に差異がある。なお、小松の設計者によると、三菱側から設計図面の提供はなく、すべて新設計だという。

この第2次試作車では、主砲の命中精度不足が問題となり、1957年度予算で4連装砲架が試作され、SS1に搭載されて各種の検討が行われた。

しかし、これと相前後してアメリカ軍が、それまでの旋回（スピン）安定の粘着榴弾を使用する105㎜無反動砲M27をベー

SSの第2次試作車

SS2のレイアウトを元に作られたのがSS3か。転輪が5個になってるんだね

SS3

命中精度が悪かったから『数撃ちゃ当たる』でSS1に4連装砲架を積んで試験もしたの。オントス魂を感じるよね

SS1
4連装砲架

M50オントス自走無反動砲

スに、翼（フィン）安定の成形炸薬弾も使用する106㎜無反動砲M40を開発（実口径はいずれも105㎜で、106㎜の名称は弾薬等の区別のための便宜的なもの）。その現物が日本にも貸与され、図面も入手できた。

その106㎜無反動砲がSS3に搭載され、従来の105㎜無反動砲との比較試験が行われた。その結果、十分な性能が確認できたため、以後は106㎜無反動砲に換装して2連装とすることが決まった。

さらに1958年度予算で増加試作（第三次試

60式自走106mm無反動砲A/B型

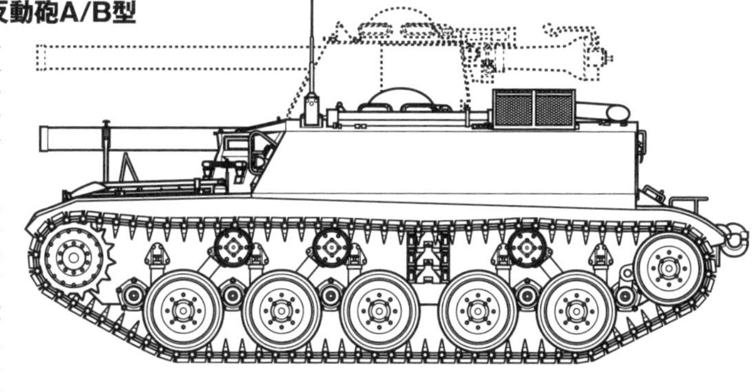

重量	8トン
全長	4.30m
全幅	2.23m
全高	1.38m
エンジン	コマツ6T120-2 水平対向6気筒 空冷ディーゼル
エンジン出力	120hp
最大速度	45km/h
行動距離	140km
武装	106mm無反動砲×2、12.7mm標定銃×1
最大装甲厚	20mm
乗員 3名	

60式自走無反動砲は一見戦車みたいだけど、機甲科じゃなくて、歩兵…じゃなくて普通科部隊に配備されたんだね。

60式自走106mm無反動砲の誕生

命中精度の低さは、アメリカが新開発したM40無反動砲を装備することで解決して…

SS3を改良したSS4を元に小改良を加えた車両が、60式自走106mm無反動砲として制式化されたのよ

砲架と展望塔は一緒に上下するんだね

トランジスタグラマー

ちょうどこの時代ね

かわいー

2003年の陸上自衛隊とアメリカ海兵隊の合同演習、フォレスト・ライトⅡで撮影された雪上の60式自走無反動砲（Ph/USMC）

60式自走無反動砲はいかにも「豆戦車」っぽいから、「マメタン」ってあだ名で呼ばれていたらしいわ。

60式自走無反動砲A/B型とC型

A/B型

C型

エンジンは
A型とB型は
空冷ディーゼル、
C型は液冷
ディーゼルで、
車体後部のグリル
部分が違うのね

作）としてSS4が3両（先行して普通鋼板製の指揮車が1両、次いで防弾鋼板製の一般車が2両）製作された。この増加試作車以降は、操向装置がそれまでの単純なクラッチ・ブレーキ式からダブル・ディファレンシャル（二重差動）式に変更されて操向の信頼性が向上している。

このSS4に小改良を加えたものが、1960年に60式自走106㎜無反動砲として制式化され、同年度から量産が開始された。量産車は、最初のA型、各部を補強したB型、液冷ディーゼル・エンジン搭載のC型、生産終了後の1986年度に制式化された詳細不明のD型がある。

60式自走106㎜無反動砲は、1979年度まで計267両が生産されたが、2007年度末までに全車が退役している。

61式戦車の開発

60式自走106㎜無反動砲を開発中の1955年6月、防衛庁長官指示第12号によって特車等研究施策調達基本方針が示され、国産戦車の開発が正式にスタートすることになった。この戦車は試製中特車と呼ばれ、前述のように車両は三菱、砲は日本製鋼所の担当とされた。略記号は「ST」で、前述の「SS」の次だから、あるいは「中」がなまったから「T」とも言われており、各試作車には区別のため末尾にA1からA4が付与された。

61式戦車の第1次試作車

実は、これに先立って同年5月には陸自内部で第1次要求性能案がすでにまとめられており、同年10月には実大木型模型が装備審議会で展示された。なお、この間の6月にはアメリカから技術参考品として90㎜自走砲（アメリカ軍では Gun Motor Carriage を略してGMCと呼んだ）M36が貸与されており、これに搭載されていた90㎜砲M3が、国産の61式90㎜戦車砲の設計に際して大いに参考になったという。

そして1956年度には第1次試作として、砲塔の取り付け位置を限界

61式戦車

重量	35トン	全長	8.19m
全幅	2.95m	全高	3.49m
エンジン	三菱12HM21WT V型12気筒空冷ディーゼル		

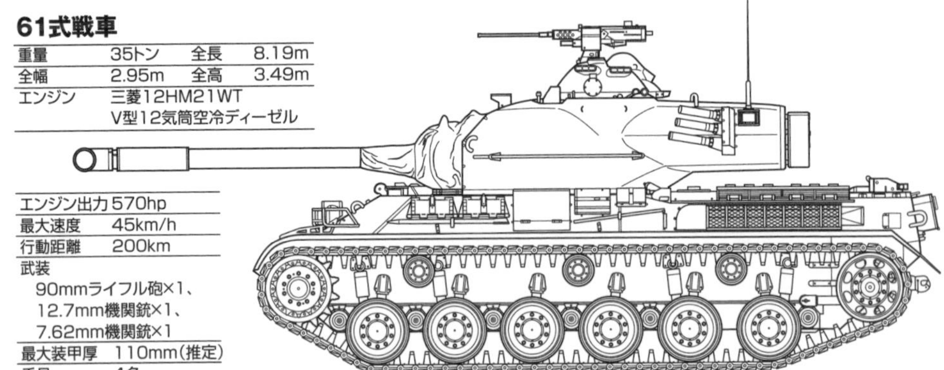

エンジン出力	570hp
最大速度	45km/h
行動距離	200km
武装	90mmライフル砲×1、12.7mm機関銃×1、7.62mm機関銃×1
最大装甲厚	110mm（推定）
乗員	4名

61式戦車の第2次試作車

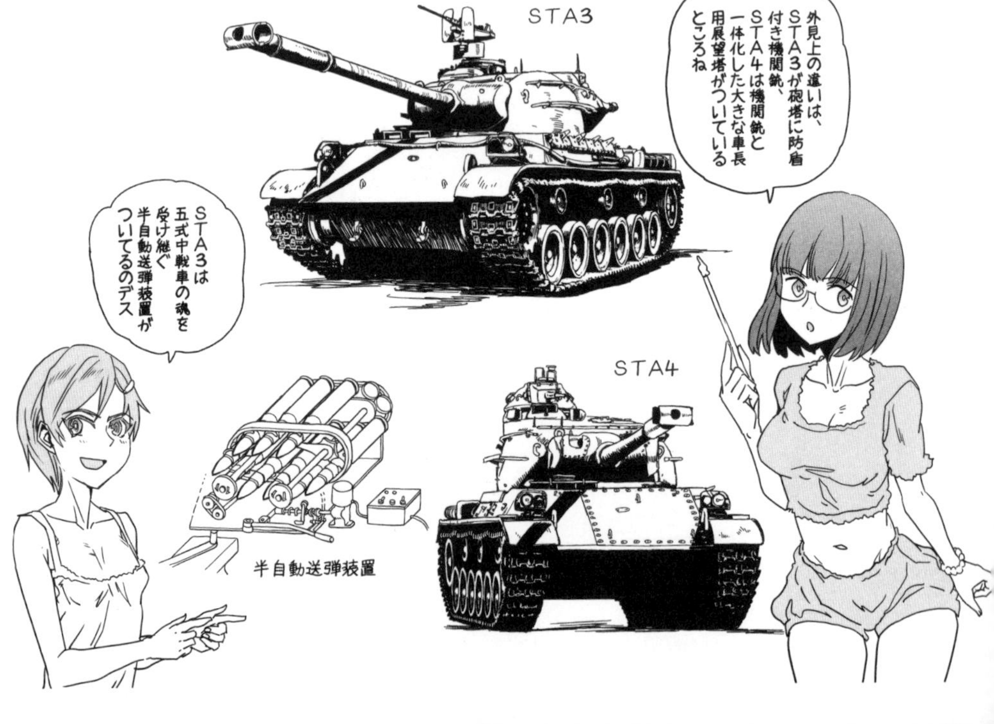

STA3

外見上の違いは、STA3が砲塔に防盾付き機関銃、STA4は機関銃と一体化した大きな車長用展望塔がついているところね

STA3は五式中戦車の魂を受け継ぐ半自動送弾装置がついてるのデス

STA4

半自動送弾装置

61式戦車の誕生

まで低くした代わりに全長が長く、下部転輪が片側7個のSTA1と、木型模型に沿った車体を持ち下部転輪が片側6個のSTA2が、それぞれ1両ずつ製作された。

搭載予定の新型の空冷ディーゼル・エンジンは並行して開発されたため、当初は既存の民間向け液冷ディーゼル・エンジンを改造したものが搭載された。また、トルク・コンバーター（流体変速機）を持つ「ST式」と呼ばれた新型の変速操向装置の失敗に備えて、大戦中に開発されたチト（四式中戦車）と同様の基本構造を持つ「チト式」と呼ばれる変速操向装置も用意された。そして、のちにSTA1には空冷ディーゼルが、STA2にはチト式の変速操向装置が搭載され、それぞれSTA1B、STA2Bと呼ばれて比較試験が行われた。

次いで1959年度に増加試作（第2次試作）として、主砲の発射速度の向上を目指して砲塔後部に電動回転式の半自動送弾装置を搭載したSTA3と、半自動送弾装置は無いがバリスティック・ユニット（弾道表をアナログ化したもの）をリンクした車長用潜望鏡や車長用銃塔を搭載したSTA4が製作された。STA3に搭載された半自動送弾装置は、大戦中に自動装填装置を搭載して発射速度の向上を目指したチリ（五式中戦車）とのつながりが感じられて興味深い。また、STA3とSTA4には、内部のパワー・ロスが大きかったST式に代わって、クラッ

61式戦車の各部

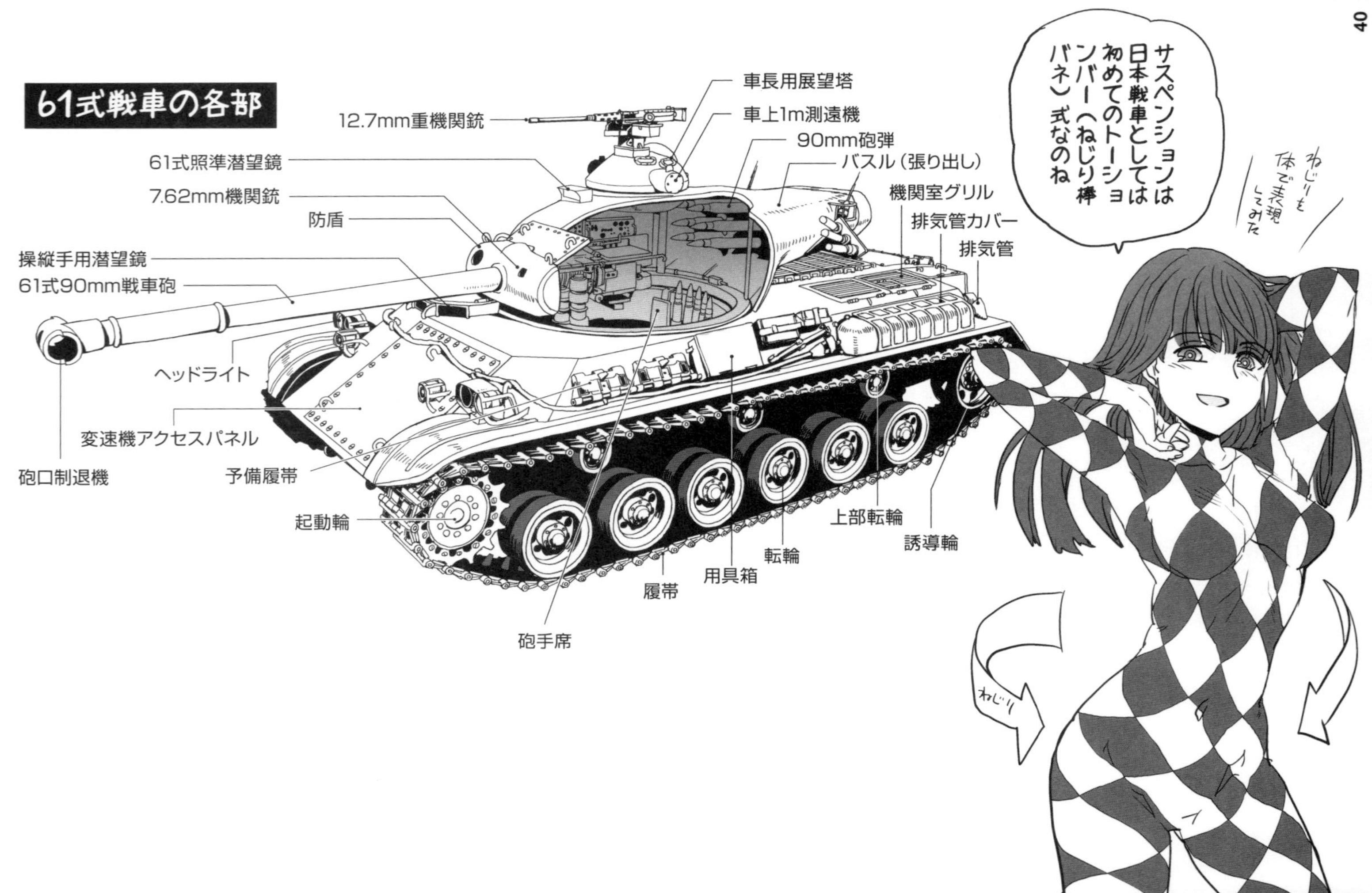
12.7mm重機関銃
61式照準潜望鏡
7.62mm機関銃
防盾
操縦手用潜望鏡
61式90mm戦車砲
ヘッドライト
変速機アクセスパネル
砲口制退機
予備履帯
起動輪
砲手席
履帯
用具箱
転輪
上部転輪
誘導輪
車長用展望塔
車上1m測遠機
90mm砲弾
バスル（張り出し）
機関室グリル
排気管カバー
排気管
サスペンションは日本戦車としては初めてのトーションバー（ねじり棒バネ）式なのね
ねじりも体で表現してみた
ねじり

1985年に行われた、陸上自衛隊とアメリカ陸軍との合同演習「オリエント・シールド」で撮影された61式戦車（Ph/U.S.Army）

チ・ペダルの踏み直しで高低を切り替える機械式変速機とクレトラック型と呼ばれる操向装置が搭載された。

そして最終的に、半自動送弾装置やバリスティック・ユニットを持たず、各部に細かい改良を加えたものが、1961年度に61式戦車として制式化された。1962年度予算により量産が始められ、1974年度まで計560両が生産されたが、2000年度末までに全車が退役している。

61式戦車の設計思想を見ると、開発が正式に始められる前の要求性能の検討段階から、普通科部隊（陸自でいう歩兵部隊のこと）の直接支援と機甲部隊の主力としての機動運用の両方に使えるものとされており、火力を最優先すること、防御力の不足は地形の利用や不整地走行能力の高さでカバーすること、具体的には稜線射撃に必要な主砲の俯角の大きさや姿勢の低さ、最高速度より低速トルクを重視すること、限られた戦車戦力を効率的に運用するために戦略機動力、すなわち鉄道輸送を重視すること、なども決まっていたという。

ただし、装甲は砲塔前面が110㎜、車体前面上部が55㎜と言われており、車体を戦車壕内に隠して補うことが半ば前提となっているような配分になっている。また、当初から火力を最優先にしており、機甲部隊の主力戦車というよりは、むしろM36自走砲のような戦車駆逐車（タンク・デストロイヤー）的な性格が強

61式戦車の攻撃力

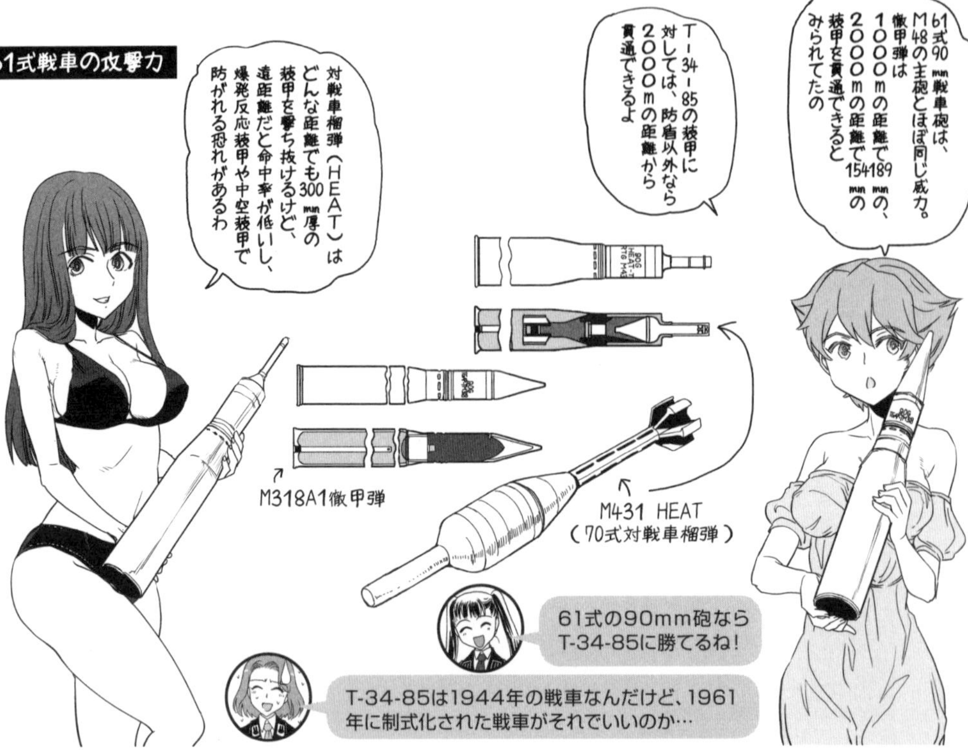

61式90㎜戦車砲は、M48の主砲とほぼ同じ威力。徹甲弾は1000mの距離で189㎜の、2000mの距離で154㎜の装甲を貫通できるとみられてたの

T-34-85の装甲に対しては、防盾以外なら2000mの距離から貫通できるよ

対戦車榴弾（HEAT）はどんな距離でも300㎜厚の装甲を撃ち抜けるけど、遠距離だと命中率が低いし、爆発反応装甲や中空装甲で防がれる恐れがあるわ

M318A1徹甲弾

M431 HEAT
（70式対戦車榴弾）

61式の90mm砲ならT-34-85に勝てるね!

T-34-85は1944年の戦車なんだけど、1961年に制式化された戦車がそれでいいのか…

いように感じられる。

なお、61式戦車の派生車両として、67式戦車橋（SB）と70式戦車回収車（SR）がある。

加えて、1960年度には、アメリカ製の軽戦車で76・2㎜砲搭載のM41戦車の有償供与が開始されている。つまり、陸自の戦車は、M4戦車とM24戦車に次いで、61式戦車とM41戦車の配備が進められていったのだ。

陸上自衛隊土浦駐屯地武器学校で展示されている61式戦車（Ph/Megapixie）

〇〇時間目 陸上自衛隊の戦車・機械化部隊の編制と戦術 その1

管区隊と混成団

当初、警察予備隊では、進駐軍の師団数と同じ4個の管区隊が新編された。

この管区隊の編制はアメリカ陸軍の歩兵師団に準じたもので、普通科連隊3個と特科（砲兵部隊のこと）連隊1個を基幹としていた。各普通科連隊は普通科大隊3個を基幹としており、固有の重迫撃砲中隊（第13中隊）や特車中隊（第14中隊）も置かれた。この特車中隊は、中隊本部（特車2両）と特車小隊（特車5両）4個からなり、定数は計22両。主任務は、もちろん普通科部隊の直接支援だ。

また、管区隊の偵察中隊には、中隊本部に特車1両、隷下の偵察小隊3個に特車が2両ずつ配備され、定数は計7両だった。したがって、管区隊全体の特車の定数は、普通科連隊3個計66両に加えて偵察中隊7両の合計73両となる。もっとも、管区隊の装備が定数どおりにすべて充足されたわけではない。それでも、管区隊の新編から2～3年ほどで、火器や車両、通信機材の定数は8割前後まで充足されたと見られている。

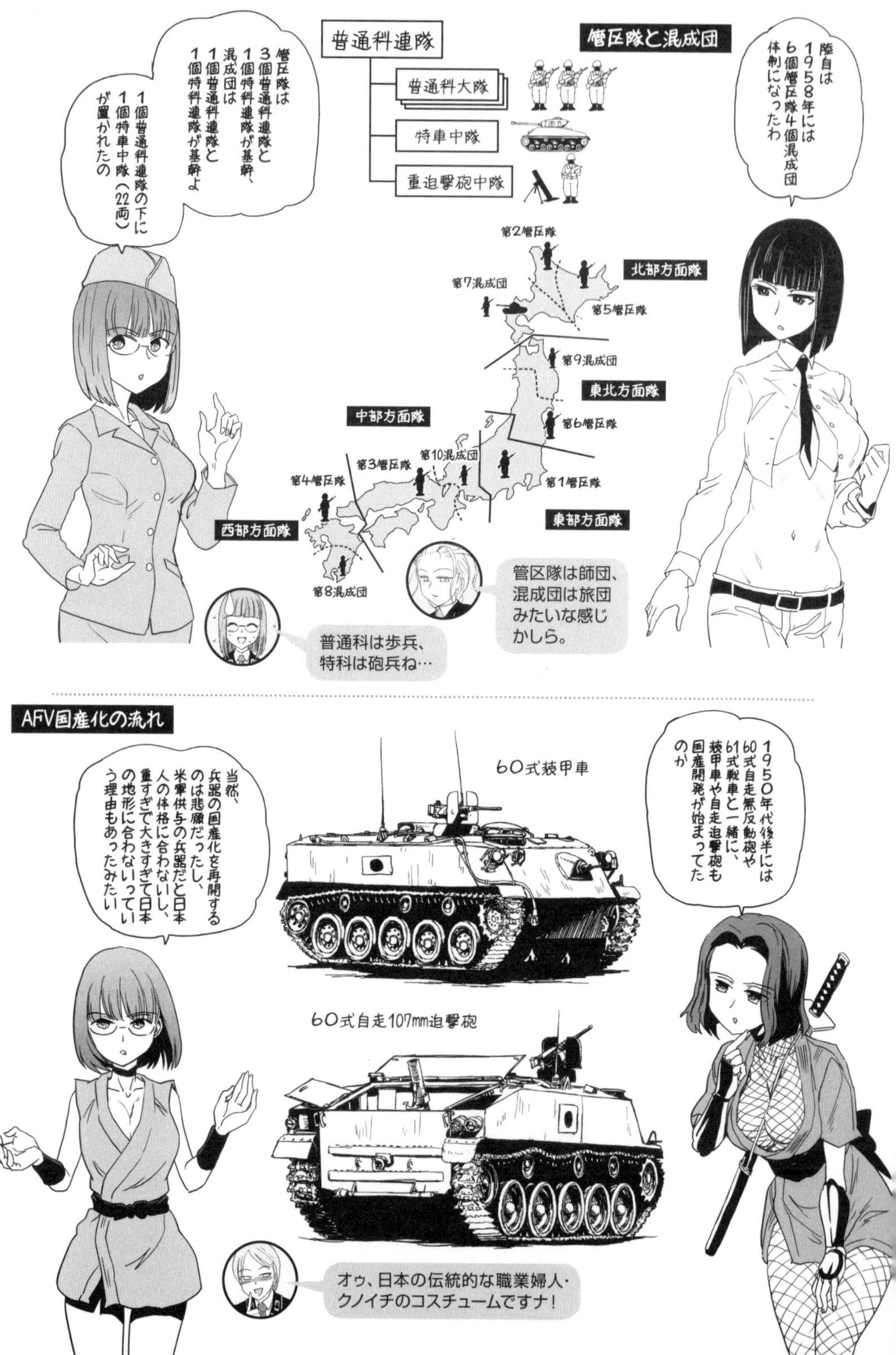
管区隊と混成団
陸自は1958年には6個管区隊4個混成団体制になったわ
普通科連隊
普通科大隊
特車中隊
重迫撃砲中隊
管区隊は3個普通科連隊と1個特科連隊が基幹、混成団は1個普通科連隊と1個特科連隊が基幹よ
1個普通科連隊の下に1個特車中隊（22両）が置かれたの
第2管区隊
北部方面隊
第7混成団
第5管区隊
第9混成団
東北方面隊
中部方面隊
第6管区隊
第10混成団
第3管区隊
第4管区隊
第1管区隊
東部方面隊
西部方面隊
第8混成団
管区隊は師団、混成団は旅団みたいな感じかしら。
普通科は歩兵、特科は砲兵ね…
AFV国産化の流れ
1950年代後半には60式自走無反動砲や61式戦車と一緒に、装甲車や自走迫撃砲も国産開発が始まってたのか
60式装甲車
当然、兵器の国産化を再開するのは悲願だったし、米軍供与の兵器だと日本人の体格に合わないし、重すぎで大きすぎて日本の地形に合わないっていう理由もあったみたい
60式自走107mm迫撃砲
オゥ、日本の伝統的な職業婦人・クノイチのコスチュームですナ！

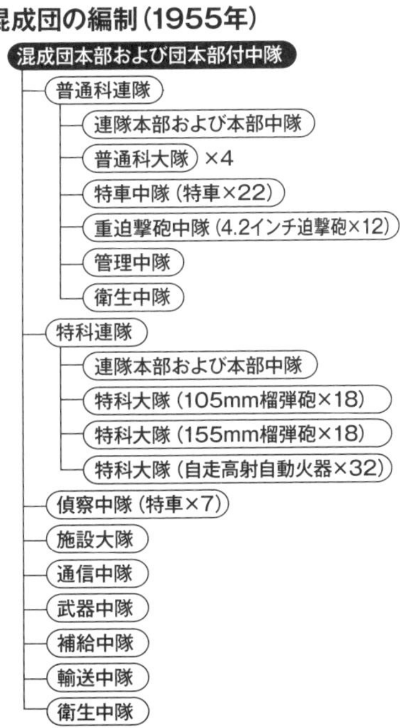

（人員約6100名、特車29両、火砲32門、高射自動火器32両）

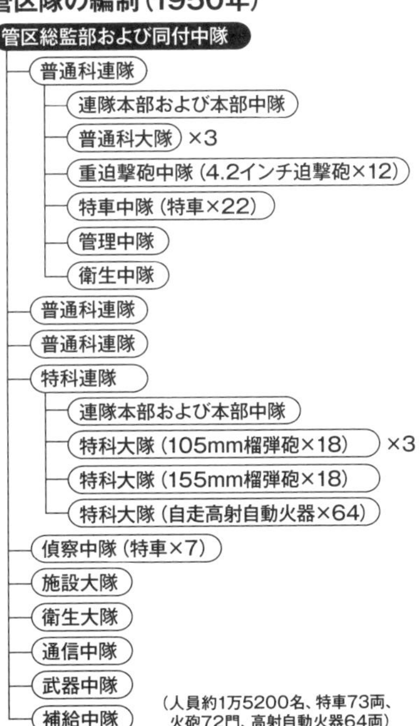

（人員約1万5200名、特車73両、火砲72門、高射自動火器64両）

その後、管区隊は、1954年度に2個増設されて計6個になるとともに、定数が約1万5200名から約1万2700名に削減された。具体的には、各普通科連隊隷下の特車中隊が廃止される一方で、管区隊直轄の特車大隊や航空隊が新編され、特科連隊隷下の高射自動火器大隊が縮小されるとともに、各部隊の後方支援要員も削減されるなどの改編が行われたのだ。

このうち、管区隊特車大隊は、特車中隊（特車17両）3個を基幹としており、大隊本部および本部管理中隊の5両を含む大隊全体の定数は56両だった。この特車大隊の新編によって、それまで各普通科連隊に分散配備されていた特車中隊を集中して機動的な打撃力としても運用できるようになったのだ。

また、管区隊よりも規模の小さい混成団が、1955年度から1958年度にかけて4個新編され、警察予備隊発足時の4個管区隊体制から6個管区隊4個混成団体制へと移行した。

この混成団は、普通科連隊と特科連隊各1個を基幹としていた。各普通科連隊は、普通科大隊4個を基幹としており、固有の重迫撃砲中隊や特車中隊（特車22両）も所属していた。混成団の偵察中隊の特車の定数は管区隊の偵察中隊と同じ7両で、混成団全体の特車の定数は計29両だった。

この頃の陸自では、規模の大きい管区隊と小ぶりな混成団を組み合わせて戦うことが考えられていた。具体的には、耐久力

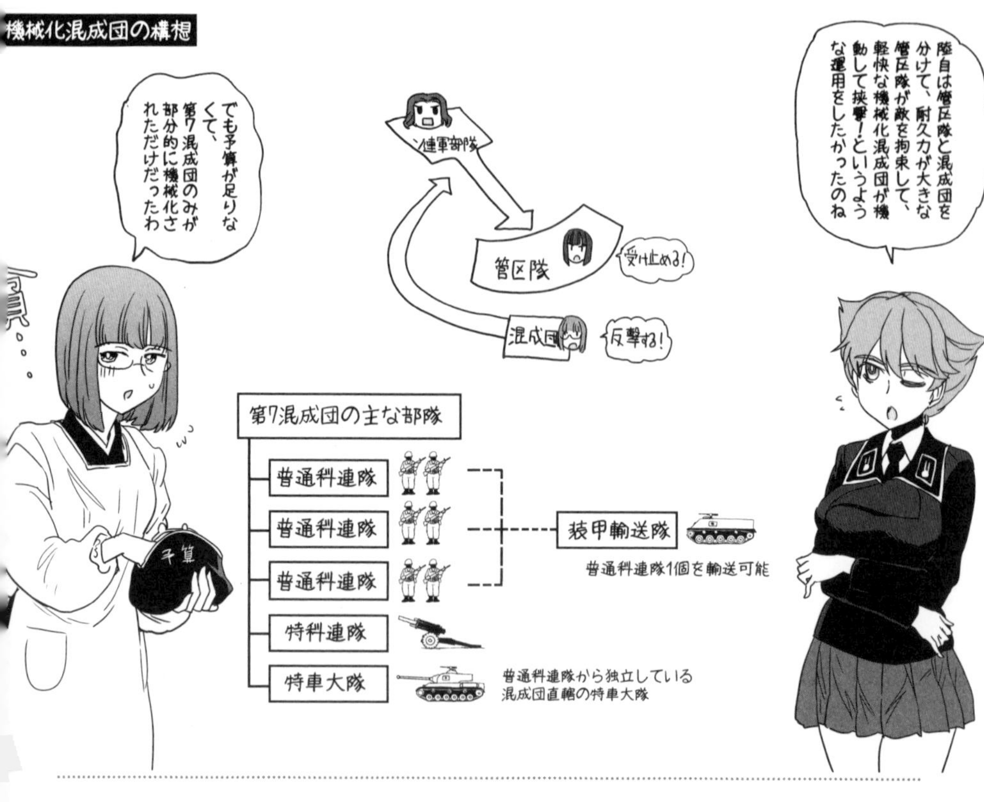

の大きな管区隊が敵の上陸部隊を拘束し、軽快な機械化混成団が有利な方向から挟撃をかける、といった作戦だ。

これを実現するためには、各混成団に各種の装甲戦闘車両などを配備して機械化し、高い機動力を与えることが望ましい。

そこで1957年度から各混成団の機械化改編をスタートさせて、ゆくゆくは全混成団を機械化する構想、いわゆる「機械化混成団」構想が立案された。それに先立って1956年度には、試製56式装甲車（SU。のちに60式装甲車となる）、試製56式自走81㎜迫撃砲（SV。のちに60式自走81㎜迫撃砲とな

第7混成団（混成団(甲)）の編制（1961年）

- 第7混成団本部および団本部付中隊
  - 第11普通科連隊（特車×2）
  - 第23普通科連隊（特車×2）
  - 第24普通科連隊（特車×2）
  - 第7特科連隊
  - 第7特車大隊（特車×61）
  - 第7偵察隊（特車×7）
  - 第7施設大隊
  - 第7通信大隊
  - 第7武器隊
  - 第7装甲輸送隊
  - 第7補給隊
  - 第7衛生隊
  - 第7航空隊

（人員約6800名、特車74両）

第7混成団隷下の各普通科連隊の編制（1961年）

- 普通科連隊本部および本部管理中隊
  - 普通科中隊
  - 普通科中隊
  - 普通科中隊
  - 普通科中隊
  - 迫撃砲隊

（人員約1040名）

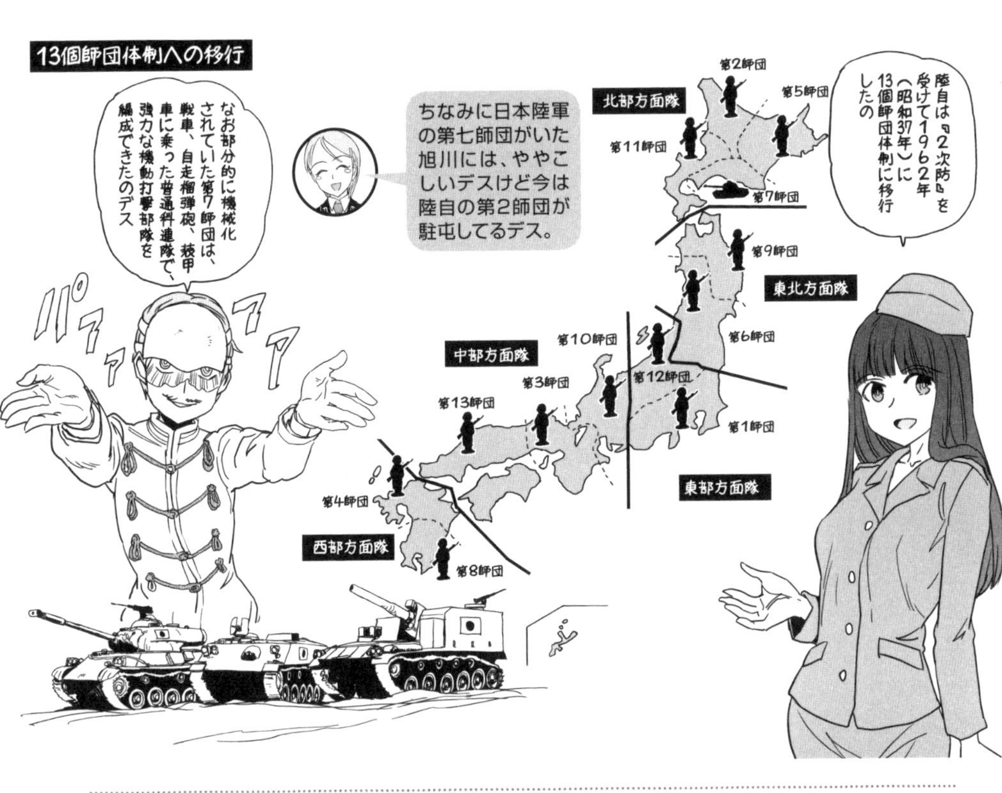

る）、試製56式自走4・2インチ迫撃砲（SX。のちに60式自走107㎜迫撃砲となる）、試製56式105㎜自走榴弾砲（SY。試作のみ）など各種の装甲車両の開発が始められている。

ところが、機械化改編のスタートは1961年までズレ込み、さらに北海道の第7混成団だけが部分的に機械化された「混成団（甲）」に改編されたのみで、それ以外の混成団の機械化改編は予算の不足などによって見送られてしまった。この時期の陸自は、部隊の増設と定員の増加が進められたものの、各部隊の機械化まで手がまわらなかったといえる。

混成団（甲）に改編された第7混成団は、大隊結節を持たない小ぶりな普通科連隊3個を基幹としていた。また、隷下の特科連隊が3個大隊基幹から5個大隊基幹となり、混成団直轄の特車大隊や装甲輸送隊が置かれて、装甲輸送隊の装甲車で普通科連隊1個を輸送可能になった。

13個師団体制への移行

1956年7月、内閣に国防に関する重要事項を審議する国防会議が設置され、翌年の5月には「国防の基本方針」が国防会議および閣議で決定された。次いで、1958～1960年度を対象とする3か年計画の「防衛力整備目標について」が審議され、同年6月に「第1次防衛力整備計画」が国防会議で決

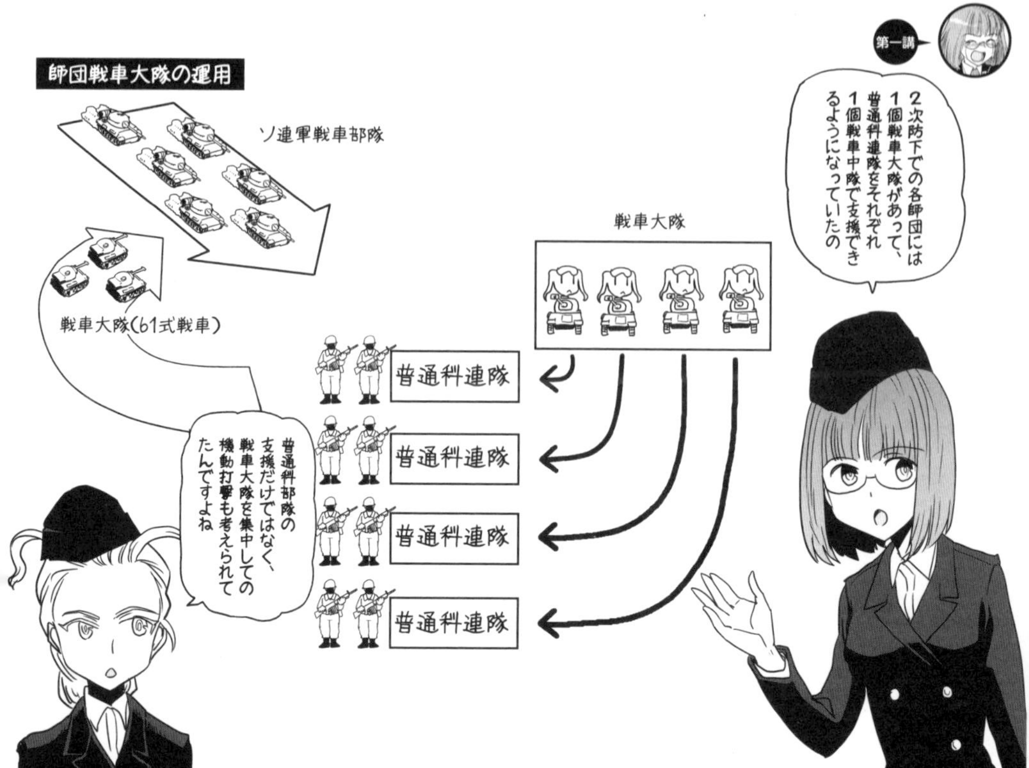

師団戦車大隊の運用

ソ連軍戦車部隊

戦車大隊(61式戦車)

戦車大隊

普通科連隊

普通科連隊

普通科連隊

普通科連隊

2次防下での各師団には1個戦車大隊があって、普通科連隊をそれぞれ1個戦車中隊で支援できるようになっていたの

普通科部隊の支援だけではなく、戦車大隊を集中しての機動打撃も考えられてたんですよね

定されて閣議で了解された。

次の防衛力整備計画はいわゆる「60年安保」の影響もあって策定作業が遅れたため、1961年度計画は単年度計画とされ、1961年7月にようやく1962～1966年度を対象とする「第2次防衛力整備計画」が決定された。この「2次防」で陸自の基幹部隊は従来の6個管区隊4個混成団体制から13個師団体制へと移行した。

新編された陸自の師団は、普通科連隊4個を基幹とする（甲）、普通科連隊3個を基幹とする（乙）、（乙）とほぼ同じ規模だが部分的に機械化された（丙）の三種類で、当初は甲師団4個、乙師団8個、丙師団1個だったが、1969年度に乙師団3個が甲師団に改編されて甲師団7個、乙師団5個、丙師団1個となった。この丙師団は、陸自唯一の機械化混成団だった北海道の第7混成団を改編した第7師団だ。師団隷下の各

1985年の「オリエント・シールド」で撮影された60式装甲車（手前）と61式戦車（Ph/U.S.Army）

普通科連隊は、混成団（甲）と同様に大隊結節の無い編制を採用し規模が大幅に縮小された。各師団の定員は、甲師団が9000名前後、乙師団が約7000名前後、丙師団は乙師団とほぼ同じ規模だった。

それまでの編制と規模が大きく異なる管区隊と混成団の組み合わせに代わって、同じような編制と規模の師団に統一した理由としては、東北以南の部隊も北海道への増援部隊に想定されていたことなどが挙げられる。実際、陸自では、冷戦時代には東北以南の部隊を北海道に機動させる「北方機動演習」を繰り返し行なっていた。この場合、師団の編制がある程度揃っていた方が全師団を同じ感覚で運用できるなど何かと都合がよいのだ。

当初、各師団隷下の戦車大隊は、戦車中隊（戦車14両）4個（甲師団）ないし3個(乙および丙師団)を基幹としており、大隊本部および本部管理中隊（甲および乙師団は戦車4両、丙師団は戦車5両）をあわせた戦車大隊の定数は甲師団が60両、乙師団が46両、丙師団が47両であった。

師団戦車大隊の戦車中隊の数は、師団隷下の普通科連隊の数と合致しており、各普通科連隊に戦車中隊を1個ずつ配属できるようになっていた。つまり、師団戦車大隊は、普通科部隊の直接支援にも、機動的な打撃力としても、どちらも運用できる編制になっていたのだ。

また、丙師団である第7師団は、同師団隷下の普通科連隊1個を第7装甲輸送隊の装甲車で輸送できた。この装甲車化された普通科連隊に、第7戦車大隊の戦車や第7特科連隊の自走榴弾砲などを組み合わせることで、機甲化された強力な連隊戦闘団を編成できたのだ。

師団（甲、乙）の編制（1962年）

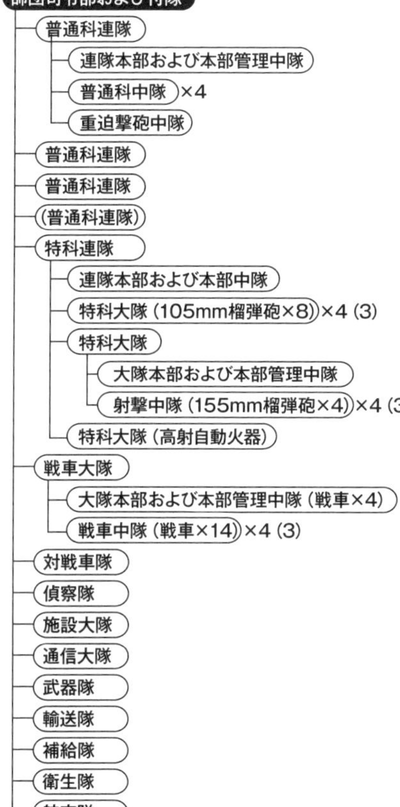

（人員約9000（7000）名、戦車60（46）両。なお、カッコ内は乙師団）

まとめ

■陸上自衛隊の装備戦車の変遷

M24戦車（特車） → M41戦車
M4A3戦車（特車） → 61式戦車

■陸自の主要部隊と運用構想の変遷

1950年度～
当時のアメリカ陸軍の歩兵師団をモデルに、進駐軍の師団数と同じ4個管区隊を新編。管区隊隷下の各普通科連隊には特車（戦車）中隊が所属しており、普通科部隊の直接支援を担当。

1954年度～
管区隊を改編するとともに6個に増設。各普通科連隊隷下だった特車中隊を集中し、機動的な打撃力としても運用できるように、管区隊直轄の特車（戦車）大隊に改編。

1955年度～
小ぶりな混成団の新編に着手し、6個管区隊4個混成団体制に移行するとともに、各混成団を機械化する構想を立案。耐久力の大きな管区隊が敵の上陸部隊を拘束し、軽快な機械化混成団が有利な方向から挟撃をかける、といった作戦が考えられた。しかし、予算不足などから第7混成団が部分的に機械化されただけに終わる。

1962年度～
普通科連隊4個基幹の（甲）、同3個基幹の（乙）、部分的に機械化された（丙）の3種類の師団からなる13個師団体制に移行。師団直轄の戦車大隊隷下の戦車中隊数は、師団隷下の普通科連隊と同数となり、普通科部隊の直接支援にも機動的な打撃力としても運用できる編制となった。

M26の次がいきなり戦後第2世代の74式戦車になったかもしれないのかあ。

74式戦車の開発の開始時期も変わっていたかもしれないわね。

意外とM26みたいに全幅が広くて、最初から鉄道輸送をあきらめた重装甲の戦車になってたかも?

ソ連としてはその方がイヤだったかもね（苦笑）

いずれにしても主砲はイギリスで開発されたL7系で決まりね（ドヤッ）

61式はチト式変速操向装置とか、チリ（五式中戦車）の自動装填装置の流れを汲む半自動送弾装置とか、大戦中の日本戦車とつながってる感じね。

その61式無しで、いきなり戦後第2世代戦車を開発していたらどうなっていたことやら……個人的には不安が先に立つわ。

そういえば74式戦車も戦後第2世代戦車としては登場が遅いデスね。

それをいうなら90式戦車も戦後第3世代戦車としては登場が遅いわ。

10式戦車になるとそもそも世代分けがむずかしいなあ。3.5世代?

ふふふ、戦後の日本は「各世代の最後に最良の戦車を作る」ともいわれているのよ。

えー…

…ただの後出しじゃんけんですよね、それ…

そ、それは言わない約束よ!

★Column★ もしM26が日本に大量に供与されていたら?

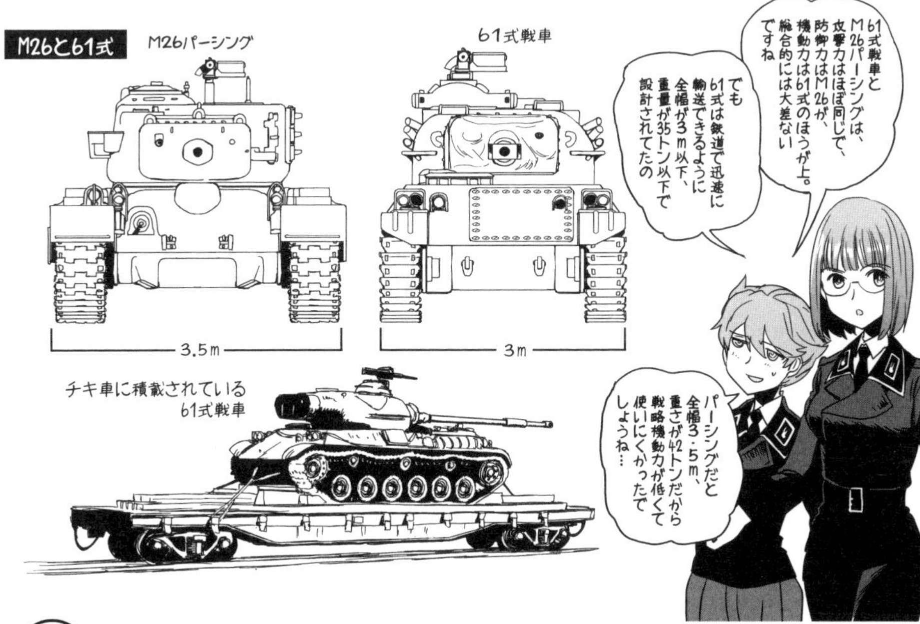

おば……おねーちゃん、61式戦車って戦後第1世代戦車だよね?

主砲は90mm砲だし、そういうことになるわね。

他の国の戦後第1世代戦車に比べると登場が遅くない?

イギリスの第1世代戦車のセンチュリオンは、第二次世界大戦末期の1945年に登場しているわ。

フランスの第1世代戦車のARL44は1949年に量産が始められてマス。でも、中身は大戦中の戦車をひきずってる、とか言われてマス……(ぐぬぬ)

アメリカの第1世代戦車のM46は1949年に制式化されたよ。最初は既存のM26の改造だけどね(キャハ)

ソ連の第1世代戦車のT-54は1946年に量産化が決まって、翌年から限定生産が始められてるよ。

みんな1940年代後半だねー。

なので、1960年代に制式化された61式戦車は「最後の戦後第1世代戦車」って言われることもあるわ。

ドイツが戦後初めて開発したレオパルト1主力戦車は戦後第2世代だよね。

西ドイツは、アメリカ製で戦後第1世代のM47やM48を供与されてたから、第一世代戦車は作ってないのよ。

フランスもM47が供与されたこともあって、ARL44は短期間で退役したデス。次に量産された主力戦車は戦後第2世代のAMX-30デス。

もし、日本に当初案どおりM26が大量に供与されていたら、日本の戦車開発の歴史が変わっていたかもしれないわね。

第二講 陸上自衛隊の戦車 その2

そして
登場したのが

74式
戦車よ！

74式といえば
ヘンタイ的な動きをする油気圧式懸架装置デスね！
ぐりーん
にゅーーん
ぺたーん
たしかに変態だけど、それは「あ○花」の「ゆきあつ」
油気圧式サスを使っての待ち伏せも得意だし、高速の機動戦もできるんだ
…
61式は待ち伏せ主体の戦車駆逐車的な性格が強かったけど、
74式はどんな戦いにも対応できる主力戦車（MBT）にも近くなったといえるわ
74
JGSDF

ドロドロドロドロ…

その後、74式の後継車種も着々と開発され…

1990年には日本のハイテクの粋を尽くした陸自3代目の戦車**90式戦車**が登場したのよ！

ぎゅいいん ぎゅいいん
特にFCSの性能は世界トップクラス。ロックオンした目標や自車が移動しても、砲身が自動追尾して目標を捉え続けるのよ
行進間射撃(※)の命中率も高いの
砲口がこちらにず――っと
こ、こっち見んな！
びたあっ
(※)行進間射撃…走りながらの射撃のこと
ドドドドドド
高速で機動しながら、速射能力と射撃精度で押し寄せる多数のソ連戦車を次々に討ち取るコンセプトかしら
…なんか昔の日本海軍っぽいわね…

初の国産戦車の試製一号戦車から苦節60年…

90式戦車に至ってついに
世界の一流戦車に肩を並べる性能を持つにいたったのよ！

ぶ゛わっ

……

いよいよ、世界トップクラスに比肩する日本戦車となった90式ですが！
時は来た！
ぷる
ぷる…
…それだけだ
→注：秋山

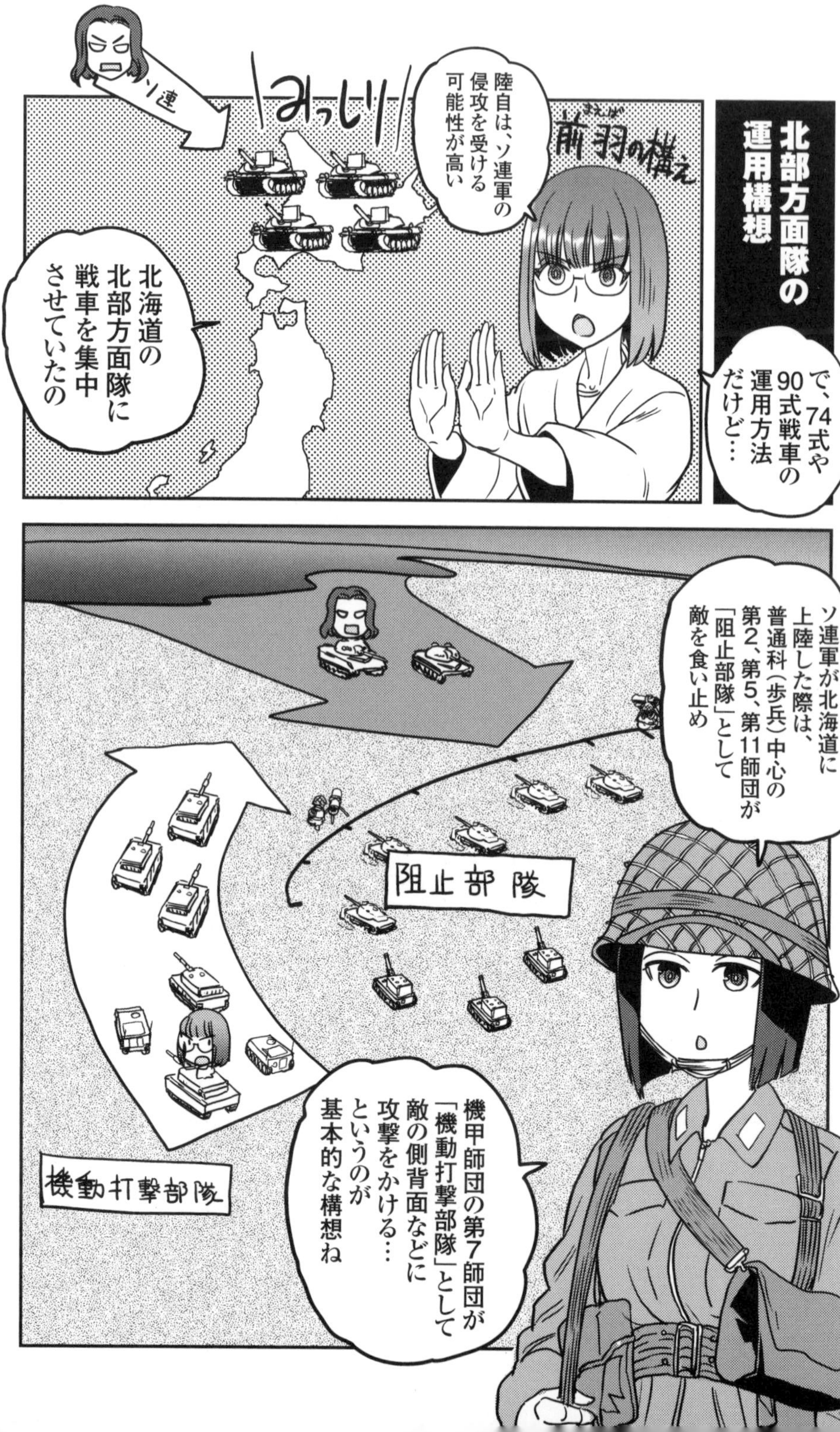

北部方面隊の運用構想

ソ連軍が北海道に上陸した際は、普通科（歩兵）中心の第2、第5、第11師団が「阻止部隊」として敵を食い止め

阻止部隊

機甲師団の第7師団が「機動打撃部隊」として敵の側背面などに攻撃をかける…というのが基本的な構想ね

機動打撃部隊

もう…サヨナラ…みたい…

カーーッ

カーーッ

1991年、経済的にも政治的にも行き詰まっていた超大国・ソ連が崩壊したのね

ソ連…お前…消えるのカ…?

めでたしめでたし? …でも74式も90式もやることなくなっちゃったのかな?

また新しい脅威が生まれてくるんだけど、それはまた次回ね

第二講 陸上自衛隊の戦車 その2

とうとう真打！我らが74（ナナヨン）式戦車と90（キューマル）式戦車よ！

「**74式改アクティブアーマー付き戦死確実だ**」で有名な戦車デスね！

（無視して）74式のコンポーネンツの研究は61式が制式化される前からすでに始まってて、61式の制式化の13年後には74式も制式化されたのよ。

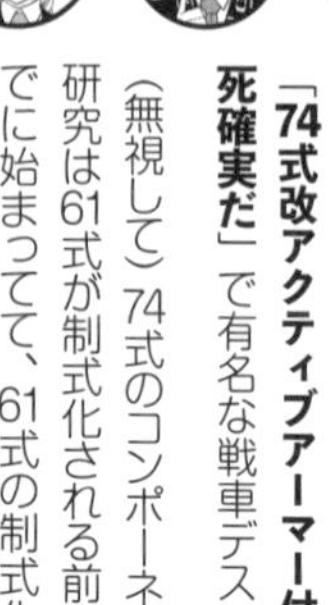

主砲はL7 105㎜ライフル砲で、機動力が高く装甲はやや薄めという、典型的な戦後第2世代戦車だね。

他の戦車にあまりない特徴は、油気圧式サスで姿勢制御ができるところよ。

山が多くて地形が複雑な日本ならではの機能ですね。

砲塔は滑らかな鋳造で避弾経始が良さそうで、昔ながらの戦車って感じだわ。

カメさんみたいな砲塔のかたちだね。弾がつるっとすべりそう。

74式は全国の戦車隊に配備されていたから、北海道以外の人には90式よりも馴染み深い戦車ね。ただ、今はどんどん退役が進んでるけど…。

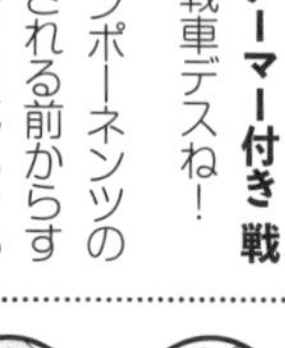

で、1990年には、世界さいきょーレベルに追いついた90式戦車が制式化されたんだね！

（食い気味に）**90式はブリキ缶だぜ！**

そうそう、**ハリコフで90式戦車改がレオパルト3と戦って手も足も出なくて…ってそれは「ガングリフォン」じゃい！（ばちこーん）**

(ﾟ∀ﾟ)アヒャ！

ツッコミ役を教官に奪われたわ…！

120㎜滑腔砲、高性能の射撃統制装置、1500馬力エンジン、複合装甲を併せ持つ、レオパルト2やM1A1と同じ戦後第3世代戦車ね。

特筆すべきは、自動装填装置を搭載してるから乗員が3人で、M1やレオ2より砲塔が小さいところかな。

ルクレールと自動装填装置ナカーマ！

あれ？ 74式と違って、90式は砲塔がカクカクしてるんだ。

現用戦車が撃つ超高速のAPFSDSは、傾斜装甲で弾いたり逸らしたりできないから、砲塔や車体の前面に封入した複合装甲のブロックで食い止めるんだよ。

APFSDSにはすべすべ装甲も通用しないんだ…。

で、90式は大半が北海道に配備されてるわ。もともと北海道でソ連軍のT-72あたりを迎え撃つのを想定して開発されたのよ。

いわば**北のサムライ**ですナ！

（無視して）そういえば、他の第3世代戦車のM1やレオパルト2やT-90とかは改修でアップデートされてますけど、日本は90式を大きく改修しないんですね。

ええ、日本は新規に第3・5世代戦車を開発するんだけど、また次回で解説するわ。

一時間目

陸上自衛隊の戦車　その2

74式戦車の開発

戦後初の国産戦車である61式戦車に続く次期戦車のコンポーネンツ（構成部品）レベルの研究試作は、一部は61式戦車の仮制式化前から始められていた。例えばエンジンに関しては、61式戦車の第1次試作の設計終了と相前後して1956年に技術研究本部の第4研究所の所内研究として単筒試作が開始されている。

その後、1960年に4気筒の4ZEエンジンの正式な試作が行われ、のちのZFエンジンへと発展していくことになる。また、油気圧式懸架装置に関しては、61式戦車の開発終了と相前後して、1962年から同じく第4研究所の所内研究が始められている。このように新戦車の技術要素は、正式な試作開始のだいぶ前から開発がスタートしていたのだ。

一方、運用側では、1962年3月に陸上幕僚監部が、陸自の戦車体系の見直しや次期戦車の要求性能の研究を富士学校（普通科、特科、機甲科の各職種学校を統合したもの）に命じた。当時

74式戦車のテストリグSTTと試作車STB1

STB1

バスル

STT

油気圧式懸架装置や変速操向装置を試験するためのSTTは、砲塔のない車体だけの車両だったのね

STB1は74式戦車の量産型とくらべて、砲塔の後ろの出っ張り（バスル）が短いんだね

は各職種学校内に研究部門が置かれており、こうした研究業務を担当していたのだ（各職種学校の研究機能は、まず2001年3月に発足した陸上自衛隊研究本部に集約され、2018年3月にその研究本部と陸上自衛隊幹部学校を統合した教育訓練研究本部に引き継がれている）。そして1963年末には、105mm砲の搭載や全備重量35tなどが盛り込まれた報告がまとめられ、これに対する技術的な検討が進められることになった。

話を技術側に戻すと、1963年度からエンジンや変速操向装置、1964年度から油気圧式懸架装置の設計・試作が正式に始められた。そして1966年度には、油気圧式懸架装置を備えたテスト・リグ（試験車体）に、すでに1年余りの試験を経た変速操向装置を搭載して試験が開始された。このテスト・リグには、当初は61式戦車のエンジンが搭載され、1967年8月には2

富士総合火力演習で、姿勢制御を行って稜線射撃を実施する74式戦車（写真／陸上自衛隊）

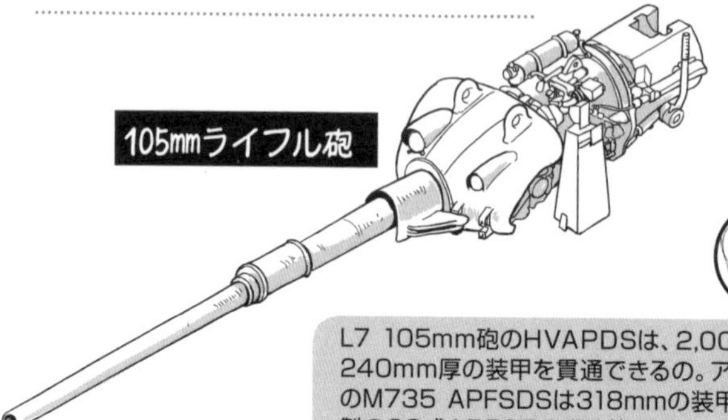

74式の主砲は西側第2世代戦車の標準装備、イギリスが誇る105mmライフル砲L7よ！

105mmライフル砲

L7 105mm砲のHVAPDSは、2,000mから240mm厚の装甲を貫通できるの。アメリカ製のM735 APFSDSは318mmの装甲を、日本製の93式APFSDS-Tは約410mmの装甲を貫通できるといわれているわ。

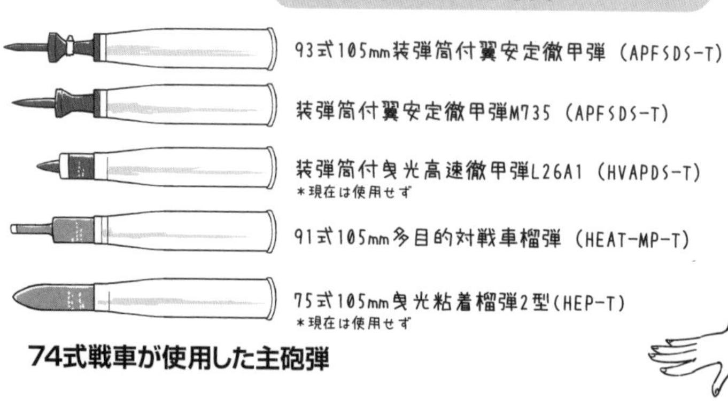

93式105mm装弾筒付翼安定徹甲弾（APFSDS-T）

装弾筒付翼安定徹甲弾M735（APFSDS-T）

装弾筒付曳光高速徹甲弾L26A1（HVAPDS-T）
＊現在は使用せず

91式105mm多目的対戦車榴弾（HEAT-MP-T）

75式105mm曳光粘着榴弾2型（HEP-T）
＊現在は使用せず

74式戦車が使用した主砲弾

年余りの試験を経ていた新型のZF10エンジンが搭載されて試験が行われた。

このように、コンポーネンツ・レベルの基礎開発に早々に着手し、さらに全体試作車に先行してテスト・リグを製作して主要コンポーネンツの改善を重ねるなど、61式戦車の開発時にくらべて開発手法が洗練されたことが感じられる。

そして1968年度には陸上幕僚長から防衛庁長官に対して新戦車の要求性能が上申され、第1次試作が開始されて試作車が2両（STB1、STB2）製作された。その第1次試作車の技術試験に続いて、1970年度に第2次試作が開始さ

74式戦車

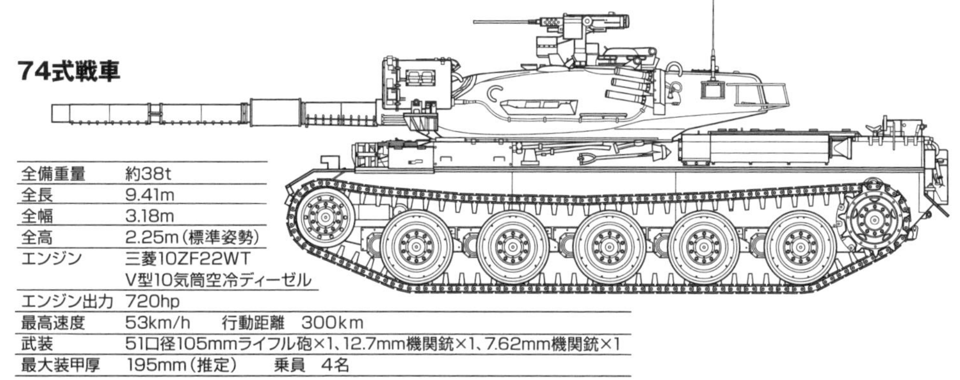

全備重量	約38t
全長	9.41m
全幅	3.18m
全高	2.25m（標準姿勢）
エンジン	三菱10ZF22WT V型10気筒空冷ディーゼル
エンジン出力	720hp
最高速度	53km/h　　行動距離　300km
武装	51口径105mmライフル砲×1、12.7mm機関銃×1、7.62mm機関銃×1
最大装甲厚	195mm（推定）　　乗員　4名

74式の内部と推定装甲厚

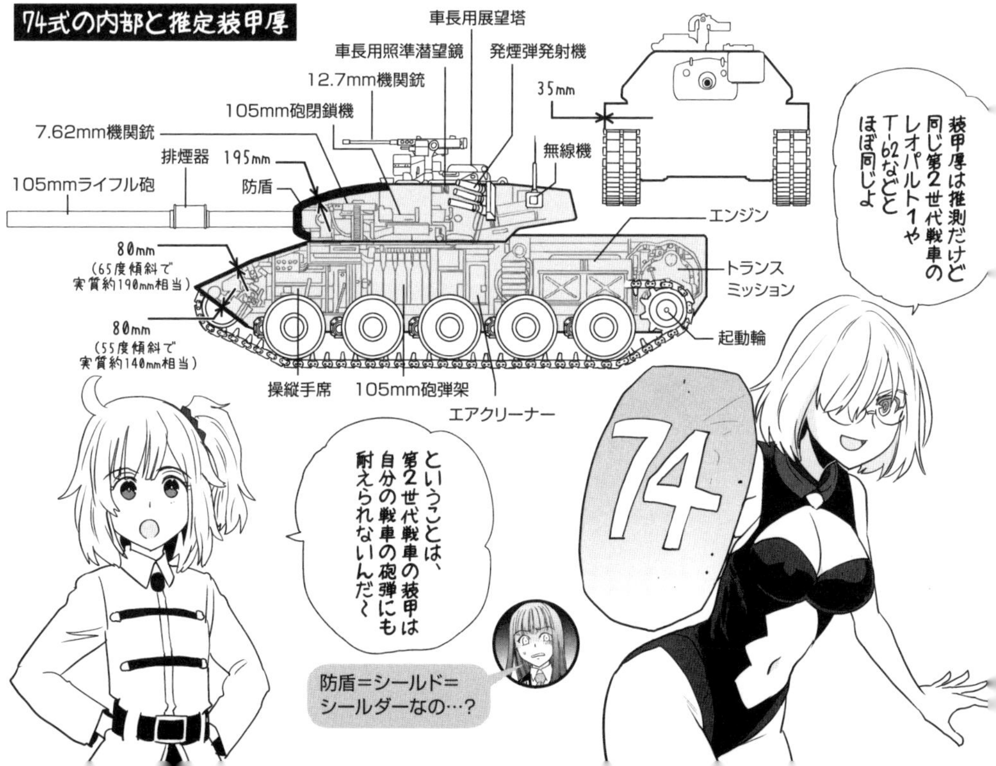

車長用展望塔
車長用照準潜望鏡
発煙弾発射機
12.7mm機関銃
105mm砲閉鎖機
7.62mm機関銃
排煙器
195mm
防盾
無線機
105mmライフル砲
35mm
エンジン
80mm
（65度傾斜で実質約190mm相当）
トランスミッション
80mm
（55度傾斜で実質約140mm相当）
起動輪
操縦手席
105mm砲弾架
エアクリーナー

装甲厚は推測だけど同じ第2世代戦車のレオパルト1やT-62などとほぼ同じよ

ということは、第2世代戦車の装甲は自分の戦車の砲弾にも耐えられないんだ～

74

防盾＝シールド＝シールダーなの…？

れて試作車が4両（STB3～6）製作され、技術試験や実用試験を経て、1974年度に74式戦車として仮制式化が決まった。

74式戦車は、1989年度まで計873両が調達されて、全国の戦車部隊や第7師団隷下の第7偵察隊などに配備された。また、パッシブ式暗視装置やサイド・スカート、レーザー検知装置などを装備した近代化改修型である74式戦車G型、いわゆる「74式戦車改」が4両だけ試作されている。派生車としては、回収作業用のウインチやクレーンを搭載した78式戦車回収車、35㎜機関砲連装の87式自走高射機関砲、全備重量50tの90式戦車が通過可能な橋を架設できる91式戦車橋がある。

87式自走高射機関砲は、ウチ（ドイツ）のゲパルトの特許を侵害しないように、レーダーの場所を変えたんですって。

レーダーつける場所にも特許があるんだ…

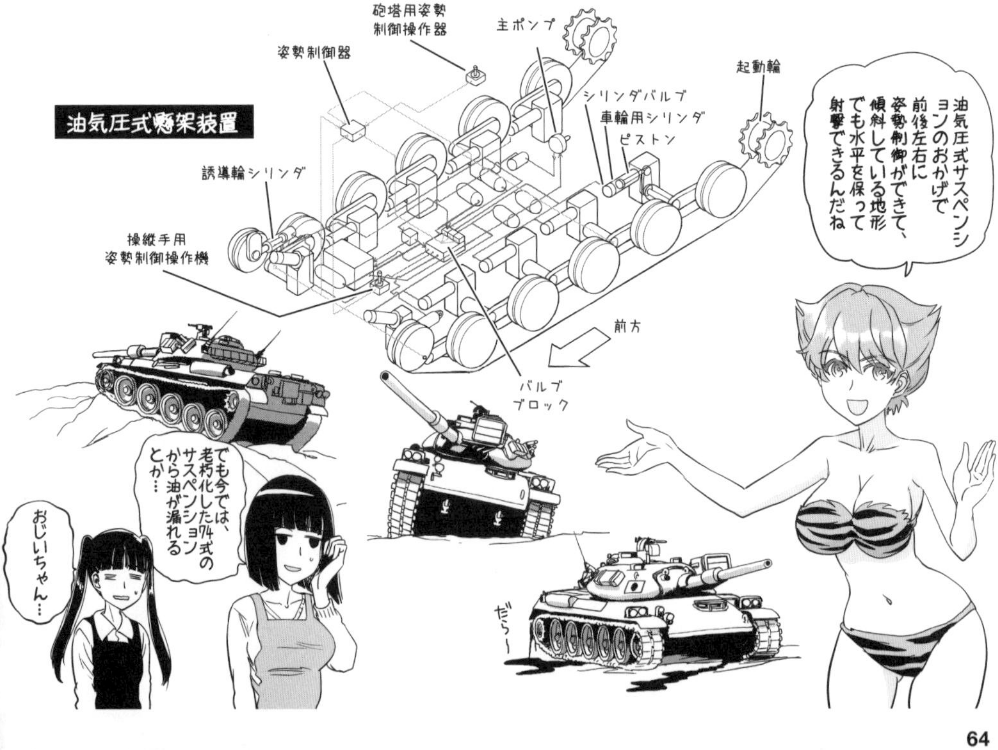

74式戦車の車体を流用した87式自走高射機関砲（写真／陸上自衛隊）

油気圧式懸架装置

砲塔用姿勢制御操作器
主ポンプ
姿勢制御器
起動輪
シリンダバルブ
車輪用シリンダ
ピストン
誘導輪シリンダ
操縦手用姿勢制御操作機
前方
バルブブロック

油気圧式サスペンションのおかげで前後左右に姿勢制御ができて、傾斜している地形でも水平を保って射撃できるんだね

でも今では、老朽化した74式のサスペンションから油が漏れるとか…

おじいちゃん…

だら～

74式戦車と各種の装甲車両

74式戦車の全備重量は、最終的に約38tとなった。装甲は公表されていないが、防御力は61式戦車より向上しているものと推測される。車体は溶接構造で、前部左側に操縦手が乗る。砲塔は鋳造で、砲塔内には、右側前部に砲手、その後ろに車長が乗り、左側には装填手が乗る。

主砲は、もともとイギリスで開発された105㎜戦車砲L7を国内でライセンス生産したものが搭載されている。射撃統制装置は、レーザー測遠機、アナログ式の弾道計算機、砲安定装置等からなり、間接照準具も装備されている。砲塔の旋回、主砲の俯仰とも電動式で安定化(スタビライズ)されている。

エンジンは10ZFと呼ばれるV型10気筒の空冷2ストローク・ターボ・ディーゼルを搭載。高い機動力を持っており、とくに加速力に優れている。

懸架装置は油気圧式で、車体を上下させたり前後左右に傾けたりすることができる。これによって砲塔の高さが低く抑えられているにもかかわらず、主砲は車体の前傾と合わせて最大-12度まで俯角をとることができる。また、車体を傾斜させることで砲耳の傾斜を補正できるので、平坦地と同様の修正で射撃できる。

振り返ってみれば、61式戦車は、車体を戦車壕内に隠して補う

イワユル『74式戦車改』デスね。

それは120mm滑腔砲を積んだ76式戦車(改)ね…

オオ、これが某汎用人型決戦兵器の前座で使徒を迎え撃ってた…

74式戦車G型

パッシブ型暗視装置

履帯離脱防止装置

サイド・スカート

パッシブ型暗視装置、レーザー検知装置、サイドスカート、起動輪に履帯離脱防止装置等を装備してマス!

ボツになりましたけど…

74式戦車は戦後第2世代戦車としては平均的な性能だけど…他の第2世代戦車と比べて、10年くらい登場が遅いのよ。M60は1960年、T-62は61年、レオパルト1は64年、AMX-30は65年、T-64は66年、74式はもちろん1974年ね。

ことが半ば前提となっているような装甲の配分になっており、アメリカ軍のM36自走砲のような戦車駆逐車(タンク・デストロイヤー)的な性格が強かった。

これに対して74式戦車は、姿勢制御を活用した稜線射撃が可能で戦車駆逐車的な性格も残っているが、機甲部隊の主力となる戦車に求められる高い機動力を備えており、61式戦車よりも主力戦車(Main Battle Tank 略してMBT)としての性格が強いといえる。

また陸自では、この74式戦車とほぼ同じ時期に、普通科部隊向けを中心とする人員輸送用の73式装甲車、野戦特科部隊向けの75式自走155㎜榴弾砲や74式自走105㎜榴弾砲、施設科部隊向けの装甲ブルドーザーである75式ドーザなどが開発されている（このうち、74式自走105㎜榴弾砲は20両で調達が打ち切られて75式自走155㎜榴弾砲に一本化されることになる）。

さらに、機甲部隊に随伴する高射特科部隊向けの野戦防空車両として87式自走高射機関砲が開発され、加えて路上機動力に優れた装輪式の指揮通信車両である82式指揮通信車や、偵察部隊向けで25㎜機関砲を搭載する87式偵察警戒車も開発されることになる。

遠隔操作可能な12.7mm機関銃を装備する73式装甲車（写真／陸上自衛隊）

75式自走155mm榴弾砲（写真/Earlybird）

74式自走105mm榴弾砲（写真/los688）

砲塔に25mm機関砲を搭載する87式偵察警戒車
（写真／陸上自衛隊）

初の国産装輪式AFVである82式指揮通信車
（写真／陸上自衛隊）

こうして陸自では、新世代の装甲戦闘車両が次々と開発、配備されていったのだ。

90式戦車の開発

74式戦車に次ぐ次期戦車の構成要素の研究試作は、74式戦車の制式化からおよそ3年後の1977年度に技術研究本部第4研究所で始められた。

これらの基礎的な研究をベースとして、1980年度には全体試作の仕様がまとめられ、1982年度から第1次試作の「その1」として主砲や弾薬、自動装填装置が試作された。続いて翌1983年度から1985年度にかけて第1次試作の「その2」として試作1号車と弾薬の試作が、第1次試作の「その3」として試作2号車と弾薬の試作が、それぞれ行われた。そして、この2両の第1次試作車を使って、1983年10月から1986年10月まで技術試験が行われた。

その結果をもとに第2次試作車の仕様が決定され、1986年度から第2次試作車が計4両製作されて、1987年9月から1988年12月まで技術試験が、1989年2月から9月まで実用試験が、それぞれ実施された。そして1989年12月15日に防衛庁の装備審査会議で正式に採用されることが決定され、1990年度に90式戦車として制式化された。

90式戦車の全備重量は約50tに達し、陸自が在来線での戦車の鉄道輸送を考慮しなくなったことがわかる。その理由としては、電化の進展によって敵の航空攻撃等に対する脆弱性が増したことなどが考えられる。

砲塔は溶接構造で、砲塔の右側に車長が、左側に砲手が乗車する。砲塔後部には主砲弾の自動装填装置が備えられており、装填手は乗車しない。砲塔上面の前部中央にある出っ張りはレーザー検知装置で、敵の照射する測距用のレーザー光線を検知して警報を発し、発煙弾を発射するなどして敵の砲撃を回避することができるようになっている。

主砲は、ドイツのラインメタル社で開発された120㎜滑腔砲を国内でライセンス生産したものが搭載されている。車長用展望塔（キューポラ）の前には、旋回、俯仰の2軸が安定化された照準潜望鏡が備えられている。また、砲手用ハッチの前には、レーザー測遠機やサーマル（熱線）センサーを内蔵し俯仰がスタビライズされた固定式の砲手用照準潜望鏡が備えられている。射撃統制装置はデジタル・コンピューターを中心

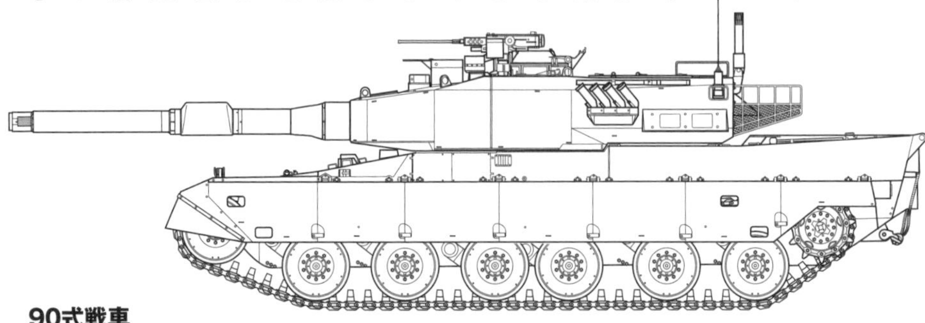

90式戦車

全備重量	50t	全長	9.80m	全幅	3.40m（サイドスカート付き）
全高	2.30m（標準姿勢）	最高速度	70km/h	行動距離	350km
エンジン	三菱10ZG32WT V型10気筒液冷ディーゼル			エンジン出力	1,500hp
武装	44口径120mm滑腔砲×1、12.7mm機関銃×1、7.62mm機関銃×1				
装甲	複合装甲	乗員	3名		

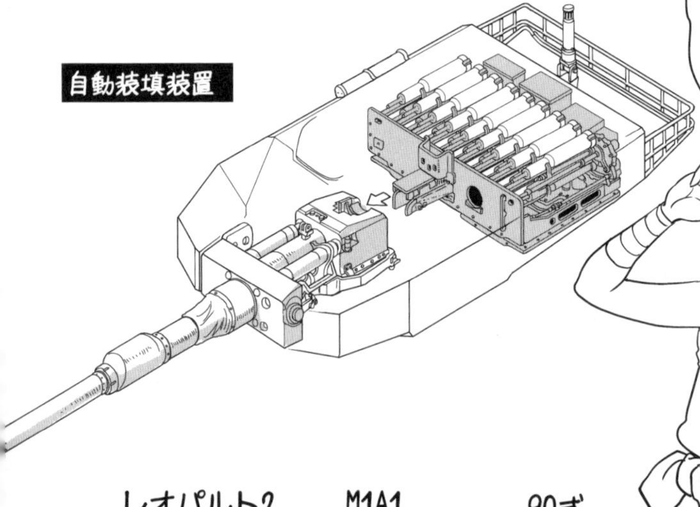

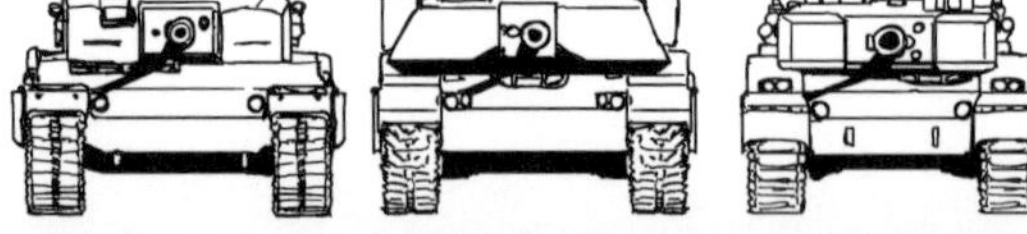

※作画にあたり株式会社カマド刊「戦後の日本戦車」120-121ページの図を参考としました。

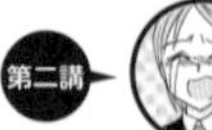

に構成されており、パッシブ式の熱線映像装置からの画像をもとにロックオンした目標を自動追尾するなどの高度な機能を持っている。

車体は溶接構造で、前部左側に操縦手席が設けられている。エンジンは、74式戦車までの空冷式の2ストローク・ディーゼルに代わって、液冷式の2ストローク・ディーゼルが搭載されている。ターボ・チャージャーと機械式スーパー・チャージャーを持

施設科の架橋機材、パネル橋(きょう)MGBの上を装甲する90式戦車。パネル橋MGBは最大60トンの車両の通過が可能（写真／陸上自衛隊）

ディーゼル・エンジン

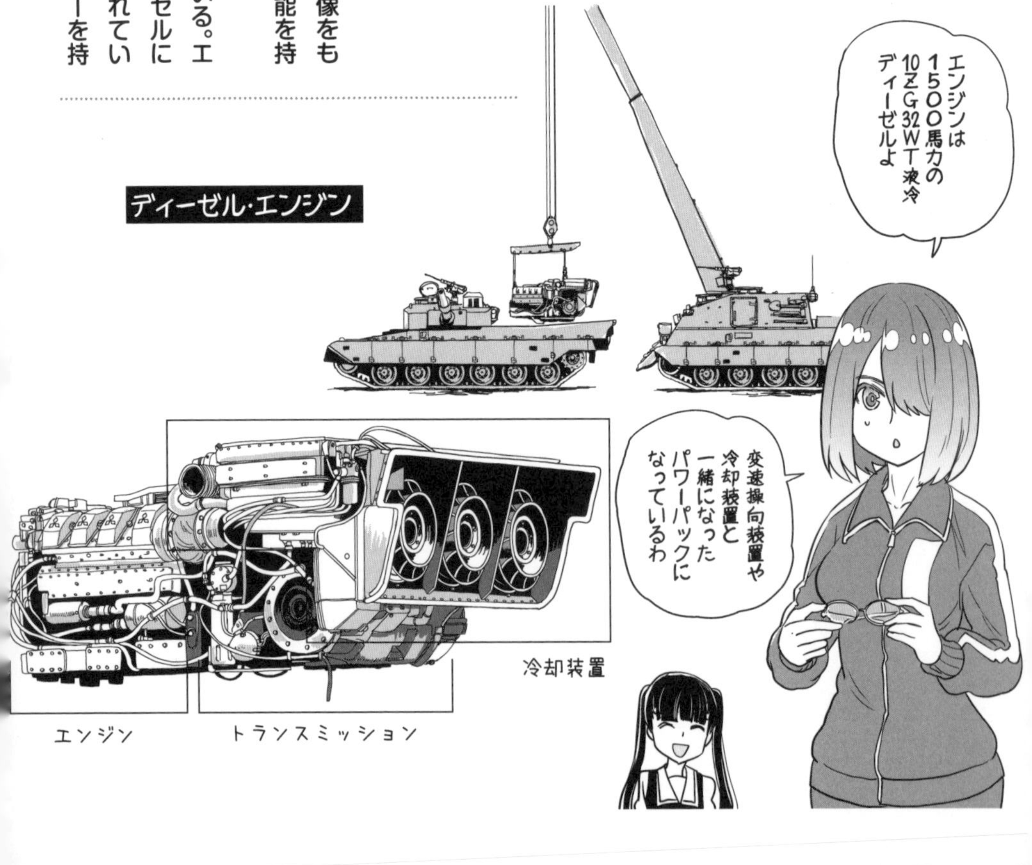

エンジンは1500馬力の10ZG32WT液冷ディーゼルよ

変速操向装置や冷却装置と一緒になったパワーパックになっているわ

冷却装置

エンジン

トランスミッション

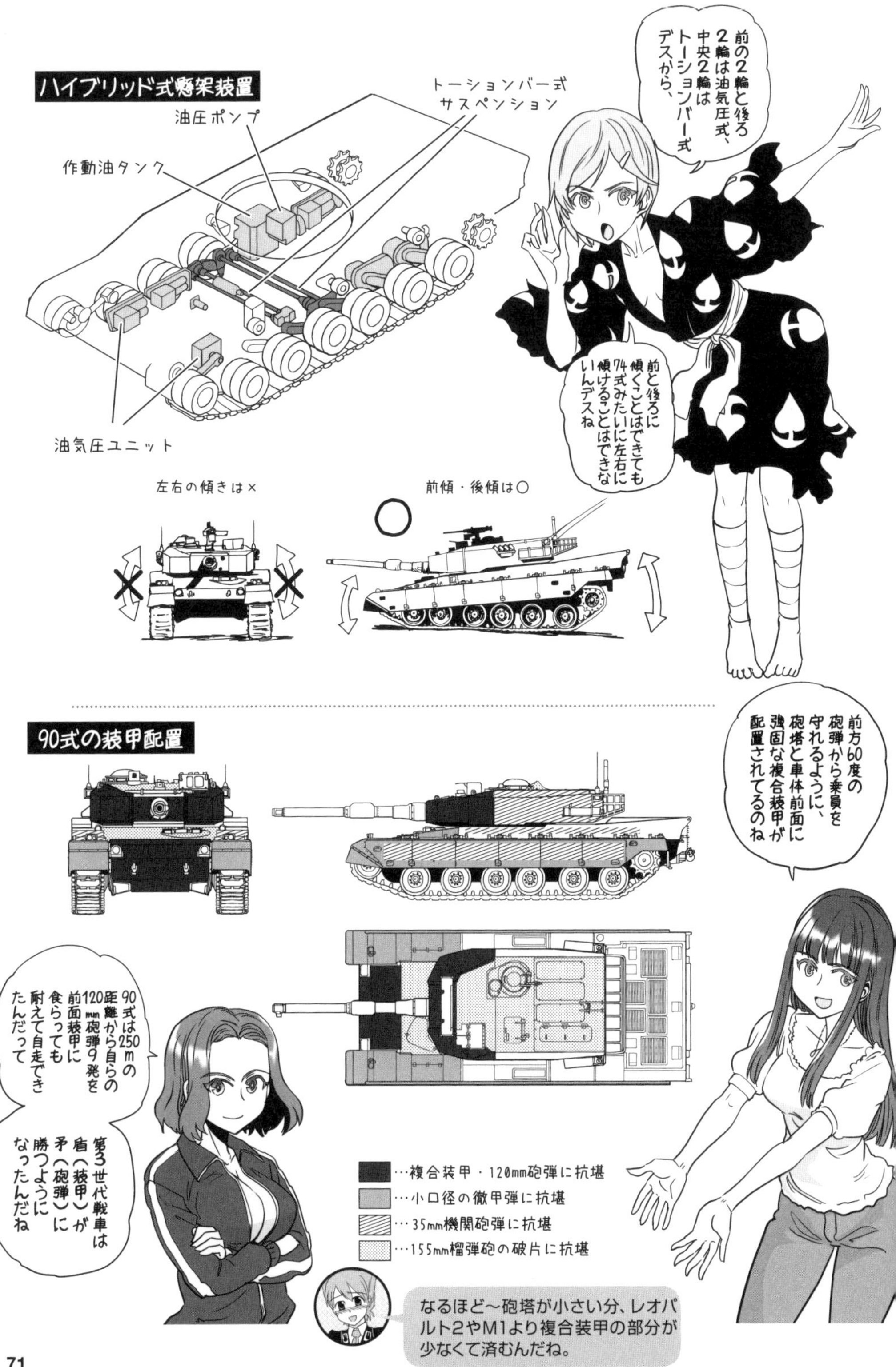

前の2輪と後ろ2輪は油気圧式、中央2輪はトーションバー式デスから、
ハイブリッド式懸架装置
トーションバー式サスペンション
油圧ポンプ
作動油タンク
油気圧ユニット
前と後ろに傾くことはできても74式みたいに左右に傾けることはできないんデスね
左右の傾きは×
前傾・後傾は○
90式の装甲配置
前方60度の砲弾から乗員を守れるように、砲塔と車体前面に強固な複合装甲が配置されてるのね
90式は250mの距離から自らの120mm砲弾9発を前面装甲に食らっても耐えて自走できたんだって
第3世代戦車は盾（装甲）が矛（砲弾）に勝つようになったんだね
…複合装甲・120mm砲弾に抗堪
…小口径の徹甲弾に抗堪
…35mm機関砲弾に抗堪
…155mm榴弾砲の破片に抗堪
なるほど～砲塔が小さい分、レオパルト2やM1より複合装甲の部分が少なくて済むんだね。

120mm滑腔砲
砲弾は、APFSDS（装弾筒付翼安定徹甲弾）のJM33（DM33）、HEAT-MP（多目的対戦車榴弾）のJM12A1（DM12A1）を使っているのよ
装弾筒
安定翼
侵徹体
APFSDS
HEAT-MP
DM33は1kmで約500mmの装甲を貫通できるけど
1987年採用の古い砲弾だから、10式やM1A2が使っている最新鋭の砲弾には貫通力で劣るわ
主砲はレオパルト2のA5までやM1A1／A2エイブラムズも採用しているドイツ・ラインメタル製の44口径120mm滑腔砲ね！
90式の相棒•89式装甲戦闘車
対戦車ミサイルと35mm機関砲！
戦車だって倒してみせらあ！
かっこいい！
一見戦車みたいだけど機甲科ではなく普通科の装備よ。7人の普通科隊員を乗車させられるの
でも生産数は68両…90式に比べると少なすぎて…
(ﾉД`)シクシク

つ2段過給方式で、出力は1500hpに達する。変速機はトルク・コンバーター（流体変速機）付のオートマチック、操向装置はハイドロスタティック式でバイク型のバー・ハンドルで操作する。出力重量比(パワー・ウェイト・レシオ)は30ps／tに達し、高い機動力を誇る。

懸架装置は、第1、第2、第5、第6転輪のみが油気圧式で、中央の第3および第4転輪はトーションバー式というハイブリッド(複合)式となっている。このため、74式戦車のように車体を左右に傾けることはできないが、前後に傾けたり上下させたりすることはできる。左右の傾斜が省略されたのは、弾道コンピューターの進歩によって砲耳の傾斜の修正が容易になり、必要性が低下したことなどによる。

車体および砲塔の前面には、国産の複合装甲が備えられている。この部分には装甲表面にキャンバスが張られているのでひと目でわかる。複合装甲はセラミックやチタニウムなどを組み合わせたものではないかと推測されるが、詳細は公表されていない。

1990年度から2009年度まで計341両が調達され、教育研究用を除いて北海道の師団(うち2個師団は旅団に改編)に集中的に配備されている。派生車としては、回収作業用のウインチやクレーンを備えた90式戦車回収車がある。

90式戦車は、戦後第3世代戦車の水準に達した火力、防御力、機動力を備えており、74式戦車よりもさらにMBTとしての性格が強いといえる。

また、ほぼ同じ時期に、普通科部隊向けで乗車戦闘も可能な35㎜機関砲搭載の89式戦闘装甲車や、90式戦車が通過可能な橋を架設できる91式戦車橋、広範囲に敷設された地雷原を短時間で啓開可能な92式地雷原処理車などが開発されている。

つまり陸自では、戦車と組み合わされて大きな打撃力を発揮する歩兵戦闘車と、機甲部隊が迅速に機動できるようにする装甲支援車両の開発や配備が進められていったのだ。

74式戦車をベースにした、82式自走高射機関砲の車体を流用している91式戦車橋（写真／陸上自衛隊）

地雷処理用ロケット弾2発を発射可能な92式地雷原処理車（写真／陸上自衛隊）

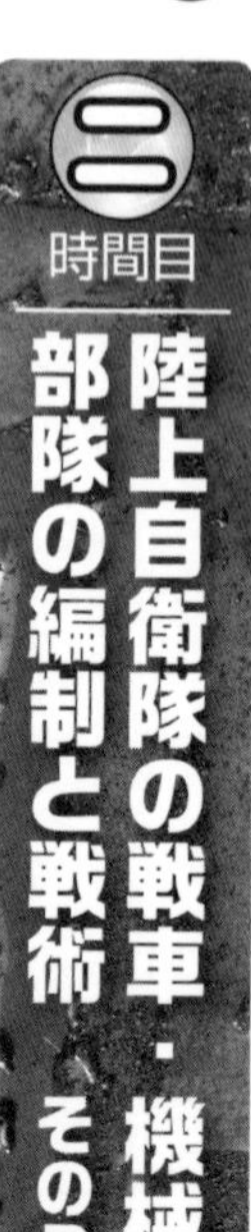

13個師団体制から13個師団2個混成団体制へ

前講で述べたように、陸自は、1962〜1966年度を対象とする「第2次防衛力整備計画」（2次防）で6個管区隊4個混成団体制から13個師団体制へと移行した。

次の1967〜1971年度を対象とする「第3次防衛力整備計画」（3次防）では13個師団体制のままで変化はなかったが、その次の1972〜1976年度を対象とする「第4次防衛力整備計画」（4次防）では、1972年にアメリカから沖縄の施政権が返還されたことを受けて翌年に同地を担当する第1混成団が新編された。

しかし、この1973年にいわゆる「オイルショック」が起き、その後の大不況もあって、数カ年にわたる「防衛力整備計画」の策定が困難になってしまった。

そこで、従来の「防衛力整備計画」に代わって、防衛力の整備や運用の基本方針を定めた「防衛計画の大綱（たいこう）」（防衛大綱）を決定し、これに付属する「別表」に基幹部隊や主要装備などの大枠を示して、これを毎年の単年度計画で整備していく方式に切り替えることになった。そして1976年（昭和51年）10月29日に、初めての「防衛大綱」である「昭和52年度以降にかかわる防衛計画の大綱について」（51大綱）が、国防会議（のちに安全保障会議を経て現在の国家安全保障会議に発展する）および閣議で決定された。

この51大綱の「別表」で、陸自の基幹部隊は「平時地域配備部隊」が12個師団2個混成団とされ、加えて「機動運用部隊」に1個機甲師団が含まれることになり、あわせて13個師団2個混成団体制に移行することになったのだ。

そして1980年度には、北海道千歳市の東千歳駐屯地に司令部を置く第7師団が、陸自初の機甲師団に改編された（詳細は後述）。

次いで1981年度には、四国を担任する第2混成団が新編された。それまでは中国地方を担当する第13師団が四国地方も担当していたが、四国担当部隊が分離されたのだ。とはいえ、沖縄の第1混成団と四国の第2混成団は、管区隊時代の混成団よりもはるかに規模が小さく、地域配備の警備部隊的な性格が強かった。

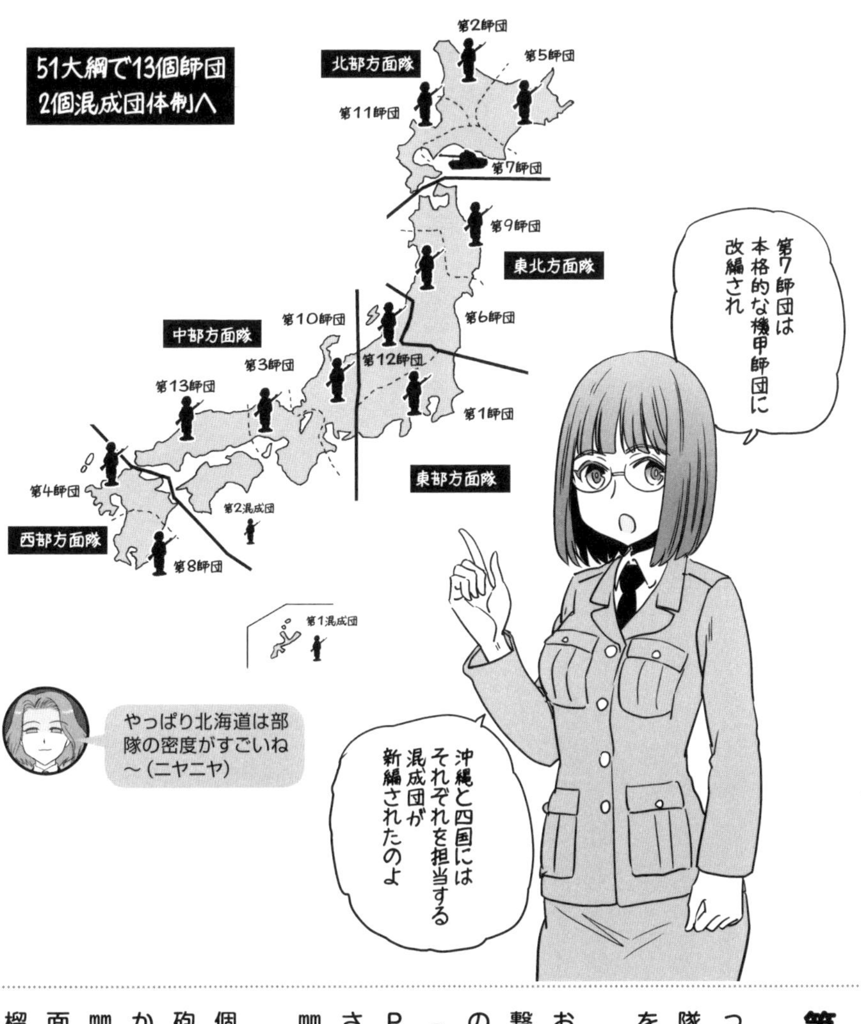

第7師団の機甲師団への改編

第7師団は、前述の機甲師団への改編によって、戦車連隊3個、普通科連隊、特科連隊、高射特科連隊、後方支援連隊各1個などを基幹とする編制となった。

同師団隷下の第11普通科連隊は、連隊本部および本部管理中隊、普通科中隊6個、重迫撃砲中隊1個からなる人員1360名の大型の編制となった。同普通科連隊には装甲車(Armored Personnel Carrier略してAPC)150両が配備されて完全にAPC化され、重迫中隊も旧式ながら60式自走107㎜迫撃砲を18両装備していた。

同師団隷下の第7特科連隊は、特科大隊4個を基幹としており、75式自走155㎜榴弾砲を装備することになっていたが、改編後もかなり後までアメリカ製で旧式の自走155㎜榴弾砲M44を装備していた。これは北部方面隊の他の師団隷下の特科連隊への75式自走榴の配備が優先されたことによる。

同師団隷下の第7高射特科連隊は、連隊本部および本部管理中隊、高射自動火器中隊4個、牽引式だが新型でレーダー管制の35㎜2連装高射機関砲L-90中隊1個からなっていた。高射自動火器（Automatic Weapon略してAW）中隊4個のうち、1個中隊は全装軌式の40㎜自走高射機関砲M42を装備していたが、残りの3個中隊は路外機動力が劣る半装軌式の37㎜自走高射機関砲M15A1を装備していた。これは全装軌式の対空車両の数が足りなかったことによる。その後、L-90と81式短距離地対空誘導弾の配備が進められ、さらに87式自走高射機関砲の配備が始められて、野戦防空能力の強化が進められていく。

第7偵察隊は、隊本部以下、戦闘偵察中隊3個、斥候中隊1個からなっていた。他の師団の偵察隊がジープやオートバイを中心とする軽装備の斥候部隊だったのに対して、第7偵察隊には戦車10両、60式自走81㎜迫撃砲3両などが配備され、敵に軽く攻撃をかけて出方を見る威力偵察など、より戦闘的な偵察行動をとれるようになっていた。

加えて、第7施設大隊に装甲車が40両、第7通信大隊に装甲車が10両、後方支援部隊をまとめた後方支援連隊隷下の武器大隊に78式戦車回収車が4両配備されるなど、戦車部隊と行動をともにできるように装甲された機動力が与えられていた。

改編後の第7師団では、状況に応じて第11普通科連隊や第7特科連隊、第7高射特科連隊、第7施設大隊などを分割して各

第7師団の編制（1981年）

- 第7師団司令部および司令部付隊
  - 第71戦車連隊
    - 連隊本部および本部管理中隊（戦車×2）
    - 戦車中隊（戦車×18） ×4
  - 第72戦車連隊（戦車×74）
  - 第73戦車連隊（戦車×74）
  - 第11普通科連隊
    - 連隊本部および本部管理中隊
    - 普通科中隊 ×6
    - 重迫撃砲中隊（自走107mm迫撃砲×18） ×1
  - 第7特科連隊
    - 連隊本部および本部管理中隊
    - 特科大隊（自走155mm榴弾砲×10） ×4
  - 第7高射特科連隊
    - 連隊本部および本部管理中隊
    - 高射自動火器中隊（40mm自走高射機関砲×8）
    - 高射自動火器中隊（37mm自走高射機関砲×8） ×3
    - L-90中隊（牽引式35mm2連装高射機関砲×8）
  - 第7後方支援連隊
    - 連隊本部および本部付隊
    - 武器大隊
    - 補給隊
    - 輸送隊
    - 衛生隊
  - 第7偵察隊（戦車×10、自走81mm迫撃砲×3）
  - 第7施設大隊
  - 第7通信大隊
  - 第7音楽隊
  - 第7飛行隊（北部方面航空隊隷下）

（人員約6450名、戦車232両、自走榴弾砲40両）

「機甲師団」となった第7師団

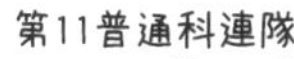

第7師団の連隊タスク・フォース

連隊タスク・フォース

連隊戦闘団(RCT)

第7師団以外の師団では、普通科連隊1個を基幹として戦車中隊1個、特科大隊1個、施設中隊1個などを増強した

『連隊戦闘団』を編成して戦うのが基本だったのね

戦車連隊に配属することで、APC化された普通科中隊2個、自走砲化された特科大隊、自走高射機関砲を装備するAW中隊1個、APC化された施設中隊1個などを増強した強力な諸職種連合部隊を3個編成することができた。

陸自の他の師団では、普通科連隊1個を基幹として戦車中隊1個、特科大隊1個、施設中隊1個などを増強した連隊戦闘団(Regimental Combat Team 略してRCT)とするのが基本であり、各師団の編制もそれを前提としたものになっていた。

しかし、第7師団では、状況に応じて編成内容をより流動的に変化させることが基本とされ、例えば戦車連隊に増強される普通科中隊は3個になったり1個になったりした。そのため、当時の第7師団では、連隊を基幹とする戦闘団を「RCT」ではなく「連隊タスク・フォース」と呼んでいたという。

そして第7師団の機甲師団化により、北

海道を担当する北部方面隊では、一般師団である第2、第5、第11師団を「阻止部隊」として敵の侵攻を阻止し、高い機動力を備えた機甲師団である第7師団を「機動打撃部隊」として機動力を活かして敵の側面などを打撃する、といった運用が可能になったのだ。

戦車の北転事業

陸自では、１９８４年度から自走２０３㎜榴弾砲Ｍ１１０Ａ２の部隊配備が開始され、各方面隊直轄の特科団・特科群隷下の独立の特科大隊の中で、まず北部方面隊から自走砲化が進められていった。加えて、北部方面隊では、各師団隷下の特科連隊に75式自走１５５㎜榴弾砲が配備され、75式１３０㎜自走多連装ロケット弾発射機を装備する多連装ロケット中隊が追加されるなど、野戦特科部隊の火力や機動力が強化されていった。

さらに１９９０年度には、東北南部以南の多くの師団隷下の戦車大隊すなわち第1、第3、第6、第10、第12戦車大隊から戦車中隊を各1個削減する一方で、北部方面隊直轄の第３１６～３２０戦車中隊の計5個中隊を新設。北部方面隊直轄の独立の戦車部隊である第1戦車群に1個中隊、同方面隊の各師団隷下の第2および第5戦車大隊に各1個中隊、第11戦車大隊に2個中隊を隷属するかたちにして増強した。その結果、例えば第11戦車大隊は戦車中隊6個基幹、戦車定数１１０両となり「世界最大の戦車大隊」といわれるほどの規模に増強された。いわゆる戦車の「北転事業」である。

また、戦車中隊の編制も、第9戦車大隊より北の中隊は戦車各4両の戦車小隊4個16両＋中隊本部の戦車2両の計18両編制（ただし90式戦車装備の戦車中隊はすべて戦車小隊3個の14両編制）、第6戦車大隊より南の中隊は戦車各4両の戦車小隊3個12両＋中隊本部の戦車2両の計14両編制、と差がつけられるようになった。

陸自の戦車大隊の編制例（1991年3月末）

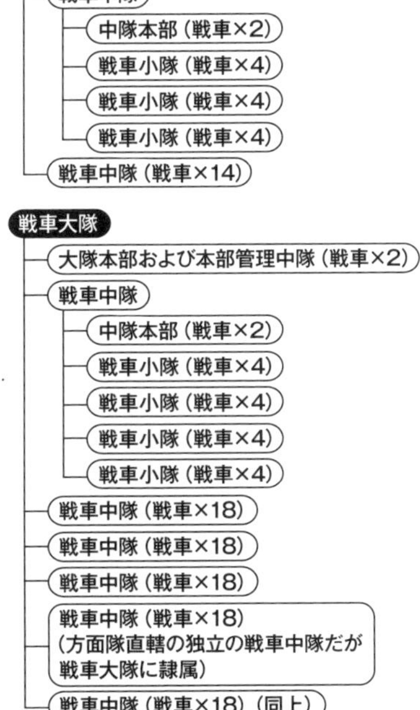

第11戦車大隊は占守島で戦った日本陸軍の「戦車第十一連隊」の名を継いでいる「士魂大隊」。2019年に2個中隊基幹の第11戦車隊に改編されたわ。

むかし6つあった中隊が2つに…

さらに、こうした北部方面隊への戦車の増強をはさんで、第2師団隷下の第3普通科連隊、第5師団の第27普通科連隊、第11師団の第18普通科連隊がAPC化され、これを支援する施設科や通信科など各職種の部隊にも装甲車が配備されるようになった。これにより、北部方面隊の第7師団以外の各師団は、装甲化されたRCTを1個編成できるようになったのだ。

加えて、第7師団隷下の第11普通科連隊には、79式対舟艇対戦車誘導弾の発射機を2基搭載する89式装甲戦闘車の配備が始められ、対戦車火力と機動的な打撃力の強化が進められていった。

こうして冷戦最盛期の陸自は、ソ連軍の大規模な着上陸作戦に備えて、北部方面隊を中心に大きく強化されていったのだ。

まとめ

■陸上自衛隊のおもな装甲戦闘車両

61式戦車 ➡ 74式戦車 ➡ 90式戦車

60式装甲車 ➡ 73式装甲車 ➡ 89式装甲戦闘車

（105mm自走榴弾砲SY） ➡ 74式自走105mm榴弾砲（調達中止）

（155mm自走榴弾砲M44） ➡ 75式自走155mm榴弾砲 ➡ （99式自走155mm榴弾砲）

■陸自の主要部隊と運用構想

1977年度〜

初の防衛大綱で13個師団体制から13個師団2個混成団体制への移行を明示。

機動運用部隊として機甲師団1個の新編も明示される。

1980年度〜

第7師団を部分的に機械化された（丙）師団から機甲師団に改編。

北部方面隊では、一般師団3個で敵の侵攻を阻止し、機甲師団1個で敵の側面などを打撃する、といった運用が可能に。

1987年度〜

北部方面隊の第7師団以外の各師団で隷下の普通科連隊各1個のAPC化に着手。

同方面隊では機甲師団以外の一般師団も、機械化された連隊戦闘団を各1個編成できるようになっていく。

1990年度〜

東北南部より南の多くの戦車部隊を縮小する一方で、北部方面隊の戦車部隊を増強。

日直
エリカ
まどか

の20mm機関砲の搭載車も試作されたのよ。

後の歩兵戦闘車に近いコンセプトね。

「新型の装甲車両で強力な機甲部隊を作ろう!!」っていう勢いを感じるデス!

でも73式装甲車への機関砲の搭載はコスト高で見送られたんでしょ？　いい機関砲なのに。

本格的な歩兵戦闘車は、89式装甲戦闘車の開発までお預けになったの。

機関砲を積まない73式装甲車でさえ高価でなかなか配備が進まなかったしね。

北海道の北部方面隊の第2、第5、第7、第11師団隷下の普通科連隊各1個計4個連隊しか、装甲車を配備してAPC化できなかったのよねえ……（ショボーン）

せっかくいろんな新型車両を開発したのに数が揃わなかったんだあ。

うっ…！　でも！ でも！ 北部方面隊の4個師団隷下の野戦特科連隊は75式自走15榴で全部自走砲化したのよ！

けど74式自走10榴は、1個大隊分20両だけで調達打ち切りになったのね。

最初は、74式自走10榴が直接支援（Direct Support略してDS）大隊向け、75式自走15榴が全般支援（General Support略してGS）大隊向けって構想だったんだけどねぇ……。

10榴は発射速度が速いし自走砲も小さく作れるから小回りが効くし、使い勝手はいいのよ。

でも15榴に比べると、射程が短いよね？

現代より砲兵の射程が短い1960年代なら「直接支援の砲兵部隊は前に出すから、射程は多少短くてもOK」って考え方もありだと思うけどね。

イギリス軍は10榴搭載のアボット自走砲を延々使ってたけど、最大射程は74式自走10榴よりだいぶ長かったのよ。

ただ、敵の歩兵が装甲兵員輸送車に乗ってると、10榴だと威力不足なのよね。15榴なら軽装甲目標にもある程度効果があるけど。

それもあって世界の自走榴弾砲は155mmクラスが主流になったわ。

陸自も74式自走10榴を早めにあきらめたのが正解だったってことね。

陸自の特科大隊で唯一74式自走10榴を装備した第117特科大隊は、北部方面隊直轄の第1特科団の第4特科群に所属してたんだけど、1999年度末まで現役だったのよ。

どーゆー風に使うつもりだったの？

射程が短いけど小回りが効くから、他の野戦特科大隊よりも前に出して急襲的に砲撃を浴びせたらすぐに陣地変換する、帝国陸軍でいう「遊動砲兵」のような運用が考えられていたみたい。

逆に言うと、そういう使い方くらいしかできないってことかも知れませぬナ。

なんか、74式戦車の数を揃えた以外は、いまいち上手くいってない感じだね……。

ぐぬぅ…まだだ、まだ終わらんよ！

★Column★ 74式戦車と同世代の陸自の装甲戦闘車両

おば……おねーちゃん、陸自って74式戦車と同じくらいの時期に73式装甲車、74式自走105mm榴弾砲、75式自走155mm榴弾砲、75式ドーザを開発したんだね。

しかも、75式ドーザ以外のエンジンは、同じ排気量のシリンダーをいくつか組み合わせて必要な出力を得るZF系の空冷2ストローク・ディーゼルで共通化されてるのよ。73式装甲車と74式自走10榴(※1)は4気筒の4ZF、75式自走15榴(※2)は6気筒の6ZF、74式戦車は10気筒の10ZFエンジンね。

エンジンのパーツを共通化すると整備や補給が楽になるよね。

それに73式装甲車は、銃眼が付いてて乗車戦闘もできるし、ラインメタル社製

そーいえば、榴弾砲（りゅうだんほう）の「榴」ってどういう意味なの？ あんまり見ない漢字だよね。

昔はザクロみたいに弾けるから「柘榴（ざくろ）弾」って言ってたんだけど、「柘」が取れて「榴弾」になったらしいわよ。

うわー、ザクロきもーい！

「榴」は常用漢字に入っていないから、陸自では「りゅう弾」と表記してるわ。

74式戦車と同世代の陸自AFV

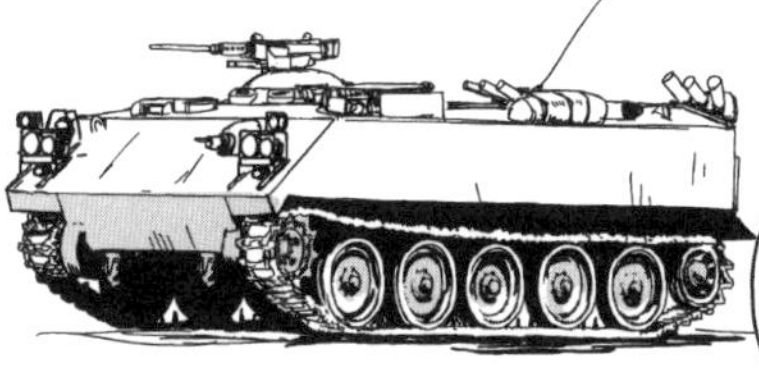
●73式装甲車

●75式自走155mm榴弾砲

●74式自走105mm榴弾砲

たくさんAVFを国産して、陸自がノリノリだった時代だね！

1970年代くらいまで高度経済成長で国自体がイケイケだったのよね～

（※1）10榴…105mm榴弾砲（10cm榴弾砲）のこと　（※2）15榴…155mm榴弾砲（15cm榴弾砲）のこと

第三講 陸上自衛隊の戦車 その3

前回までのあらすじ
1991年
ソ連崩壊…！
ドドドド
これで北の大戦車軍団が北海道に上陸してくる可能性は低くなったけど…
1996年度から90式戦車の後継の開発が始まったのよ
そして、2010年には戦後第3・5世代戦車の
10式戦車が登場したわ！
ゾリオオオオ
10式の主砲は90式と同じ44口径120㎜砲だけど、
命中精度や威力は上回ってるのね
メモメモ…
ウチ(ロシア)のT-14のライバルか〜
複合装甲も90式より強化されてるんだね

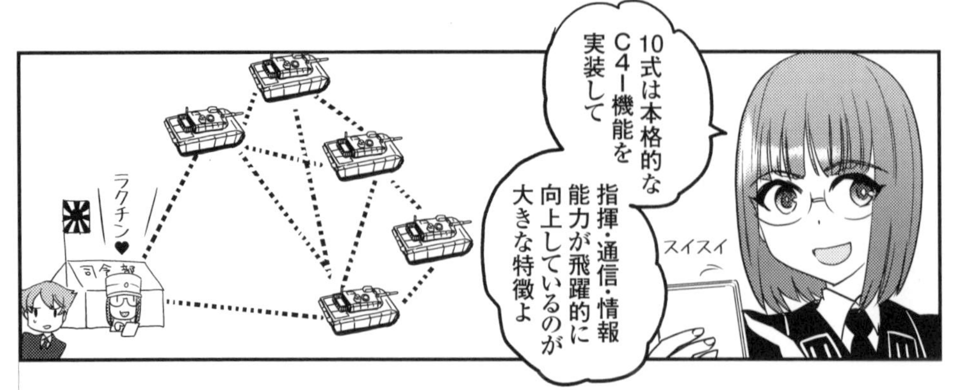

重量も44トンと、

50トンの90式より軽くなって、

モジュール装甲を取り外すともっと軽くなるんだね

……

ムニッ…

エリリンの装甲も取り外せればいいんですけどネ…

ドドドド

私たちのもモジュール式だったらよかったのに…

つまり、「戦場での」機動力だけじゃなく、
「戦場への」機動力、すなわち戦略機動力もアップしたのね
平原が少なくて山地や市街地が多い日本の国土にはマッチしてるのかしら

露:T-80
独:レオパルト2
米:M1A2
日:10式戦車
英:チャレンジャー2
どんどん重くなってく米英独の戦車とは逆行してるけど…
40トンクラスだと、ロシアのT・80やT・90と同じくらいの重さだね

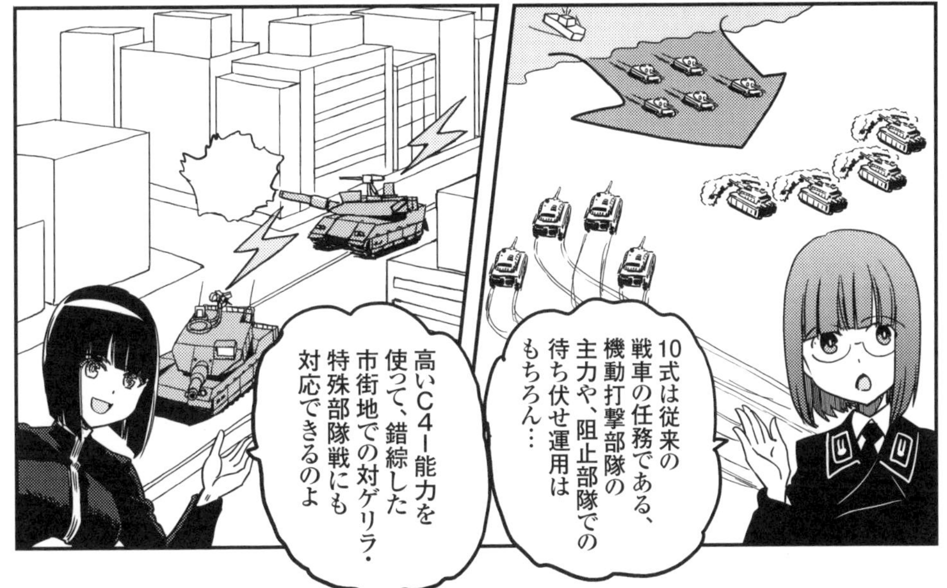
10式は従来の戦車の任務である、機動打撃部隊の主力や、阻止部隊での待ち伏せ運用はもちろん…
高いC4I能力を使って、錯綜した市街地での対ゲリラ・特殊部隊戦にも対応できるのよ

こんなかんじ？
そんな「小柄だけど巨乳で頭がいい女の子」みたいな10式に続いて、
まったく違うコンセプトの装甲戦闘車両が2016年に採用されます
ドンッ
それが16式機動戦闘車よ！
もう10式の次の戦車なの!?
…あれ？…キャタピラじゃなくてタイヤだ？
厳密には戦車じゃなくて、砲塔は戦車、車体は装輪装甲車みたいなAFVね
「装輪戦車」と言われることもあるわよ
16 機動戦闘車 ヒトロク SHIKI
あ～はいはい、V作戦で試作されてた機動戦闘車に、メカいじりが好きな少年がたまたま乗って敵をやっつけちゃうアノ…
それは機動戦士
ボカーッ
ぶったデスね！
おやじ（ダロン）にもぶたれたことないのにィ！
殴って なぜ悪いか

機動戦闘車は装輪式、つまりタイヤ走行だから…
長距離移動の際に戦車みたいにトレーラーなどに載せる必要が無くて、自力で走って移動することができるのよ
待って〜
お先!
なるほど、戦略機動力がケタ違いに高いんだ。戦車よりも断然早く目的地に到着できるわけね

主砲は74式戦車と同じ105㎜ライフル砲なんだ!

ええ、敵が戦後第3世代戦車以外なら

十分撃破できるわ

東亜連邦(カレドルフ)…

じゃなくて某C国の水陸両用戦車あたりが仮想敵ですかネェ?

某C国の05式両棲突撃車

今、自衛隊が考えている離島防衛作戦だと…
敵軍の侵略の兆候を得たら、
アイヤあミミことれほうか？
まず即応展開として第1空挺団などがヘリで島嶼に降着、
続いて1次展開として機動戦闘車などを装備した
即応機動連隊が輸送機などで降着、その後の2次展開として、戦車などを含む
……
機動師団／旅団の主力が展開するのよ
ムリだコレ
展開ヨシ！
もし島嶼が占領された場合は、制空権を確保したうえで、輸送ヘリやオスプレイで第1空挺団などが降着、水陸機動団が水陸両用車AAV7やボートで上陸
機動戦闘車や10式戦車は、最後の切り札として輸送船から揚陸されるイメージね

…んーと、ざっと見てきたけど…機動戦闘車に隠れて、
ぎくッ
10式戦車の存在感が薄くなってない？
実は、機動戦闘車が増える代わりに10式戦車の調達は減ってて…
陸自戦車の総数は300両にまで減るんですって
近いうちに一部の教育部隊を除いて本州と四国から戦車はなくなるんだよね
第2師団（機動師団）
第11旅団（機動旅団）
第5旅団（機動旅団）
第12旅団（機動旅団）
第14旅団（機動旅団）
第8師団（機動師団）
ヒトマルセンパイ、俺のほうが目立っちゃってすみませんね！
おかしい…陸自のセンターポジションは俺のはずなのに…
むかしは1200両あった陸自戦車も、ショッギョ・ムッジョでござるナ…
らめぇ〜！私の大戦車隊が〜！
戦
殺

第三講 陸上自衛隊の戦車 その3

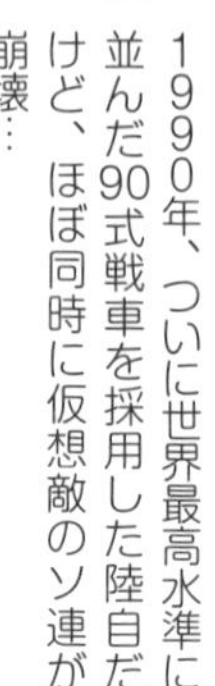

今回の講義は、冷戦後の陸自のAFVについてよ。

1990年、ついに世界最高水準に並んだ90式戦車を採用した陸自だけど、ほぼ同時に仮想敵のソ連が崩壊…

ソ連の戦いはまだ始まったばかりだぜ…（ガクッ）

ソ連先生の次回作にご期待クダサイ！

それでも陸自は新型戦車を開発して、2010年には10（ヒトマル）式戦車を採用したんだね。

開発コンセプトは、本格的なC4I機能を搭載することと、軽量化して戦略機動力を上げることよ。攻防走すべてで90式を上回るのは当然としてね。

砲塔がシュッと尖っててカッコいい！

基本状態でも50トンの90式より6トン軽く、さらにモジュラー装甲を取り外すと約40トンになって、運搬しやすくなるのね。

高い攻防走能力、C4I機能、優れた戦略機動力を併せ持った10式は、戦後第3・5世代戦車、いえ、もはや第4世代戦車かも！

で、2016年にはまた新しいAFVの16（ヒトロク）式機動戦闘車が登場、と。

砲塔は戦車そのものだけど…キャタピラじゃなくてタイヤだね？

タイヤ式、つまり装輪式の車体に戦車並みの主砲を搭載したAFVを、「装輪戦車」って呼ぶときもあるよ。

あー、キリシタン大名の…

それは大友宗麟（そうりん）（ビシッ）

機動戦闘車は戦車と似ているけど、荒れ地での踏破力はキャタピラ車、つまり装軌式車両にはかなわないし、装甲も薄いの。戦車とまったく同じ任務はさせられないよね。

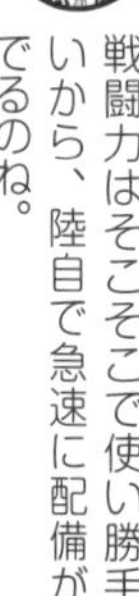

ただし戦場までの機動力が戦車とは段違いに高いし、整備も戦車に比べると楽なのよ。

戦闘力はそこそこで使い勝手がいいから、陸自で急速に配備が進んでるのね。

10式は〝戦車としては〟戦略的な機動力が高いけど、さすがに装輪式の機動戦闘車とは比べ物にならないしねえ…

エイブラムズやレオパルト2はデスクトップパソコン、10式はノートパソコン、機動戦闘車はスマホみたいな感じデスか…

そーいえば、令和元年の総火演（富士総合火力演習）のポスター、メインが機動戦闘車で、10式はどこにもいなかったね…

およよ…もう世代交代…

強いけど重くて扱いにくい主力戦車は、世界的にリストラ対象なのね…

ま、素人から見たら装輪戦車も戦車もたいして変わらないし、機動戦闘車でもいいんじゃね？（笑）

キャタピラが付いてるのがいい〜！ 履帯〜！ 無限軌道〜！

日本は新型戦車が開発されるだけマシでしょ！ 贅沢言わないの！

各種の新型装甲車両の開発

陸上自衛隊は、1988年度から国産の地対艦ミサイルである88式地対艦誘導弾の調達を開始し、1992年度からアメリカで開発された多連装ロケットシステムMLRSの調達を始めるなど、敵の上陸部隊の洋上での撃破能力や長射程の制圧火力の強化を進めていった。

ところが、1989年に地中海のマルタ島で、ソ連のミハイル・ゴルバチョフ書記長とアメリカのジョージ・H・W・ブッシュ大統領が会談し、冷戦の終結を宣言。1991年にはソ連が崩壊し、北海道などに対する大規模な着上陸侵攻が行なわれる可能性が大幅に低下した。こうした国際情勢の大きな変化を受けて、陸自では1996年度から戦車や火砲などの重装備の削減が始められることになった。

ただし、個々の主要な装備を見ると、その1996年度には陸自初の装輪（タイヤ）式装甲兵員輸送車（Armoured Personnel Carrier を略してAPC）となる96式装輪装甲車の制式採

用が決まって調達が始められた。また、1999年度には75式自走155㎜榴弾砲の後継となる99式自走155㎜榴弾砲の制式採用が決定されて調達が開始された。さらに1996年度には90式戦車に続く新戦車の構成要素（コンポーネンツ）の研究試作が始められ、2002年度には全体試作に移行して、2010年度に10式戦車として制式採用が決まった。加えて、この間の2001年度には、4輪式の軽装甲車である軽装甲機動車の調達が開始され、全国の各部隊に広く配備が進められている。

つまり、陸自では、冷戦の終結とソ連の崩壊後も、既存の戦車や自走砲の改良型や発展型を開発するのではなく、完全な新型の戦車や自走砲、APCの開発が続けられていったのだ。

10式戦車のC4I機能

10式戦車の最大の特徴は、高度なC4I機能を持っていることだ。C4Iとは、指揮（Command）、統制（Control）、通信（Communication）、コンピューター（Computer）、情報（Intelligence）の頭文字をつなげたもので、戦場における指揮統制や情報共有のための通信および情報処理などの機能を指している。

具体的には、自車の視察照準装置で捉えた目標の情報や味方車両からの敵の情報などを車内の各乗員用のモニターに表示したり、射撃目標の指示や機動の経路、警戒する範囲といった情報を味方車両に送信したりできる。また、小隊長が指示した方向に各車の車長用照準潜望鏡を自動的に向ける小隊内オーバライド機能や、中隊長が中隊ネットワーク経由で射撃指揮統制を行う機能なども持っている。

さらに、普通科連隊などに導入されている基幹連隊指揮統制システム（ReCSと略称される）と連接し、連隊レベルの各種情報を迅速に伝達し共有することによって、小隊長や車長などの指揮や射撃統制などに活用することもできる。

10式戦車

全備重量	44.4トン
全長	9.42m
全幅	3.24m
全高	2.30m
最高速度	70km/h
エンジン	三菱8VA34WTK V型8気筒液冷ディーゼル
エンジン出力	1,200PS
武装	44口径120mm滑腔砲×1、12.7mm機関銃×1、7.62mm機関銃×1
装甲	複合装甲+空間装甲　乗員　3名

（図／田村紀雄）

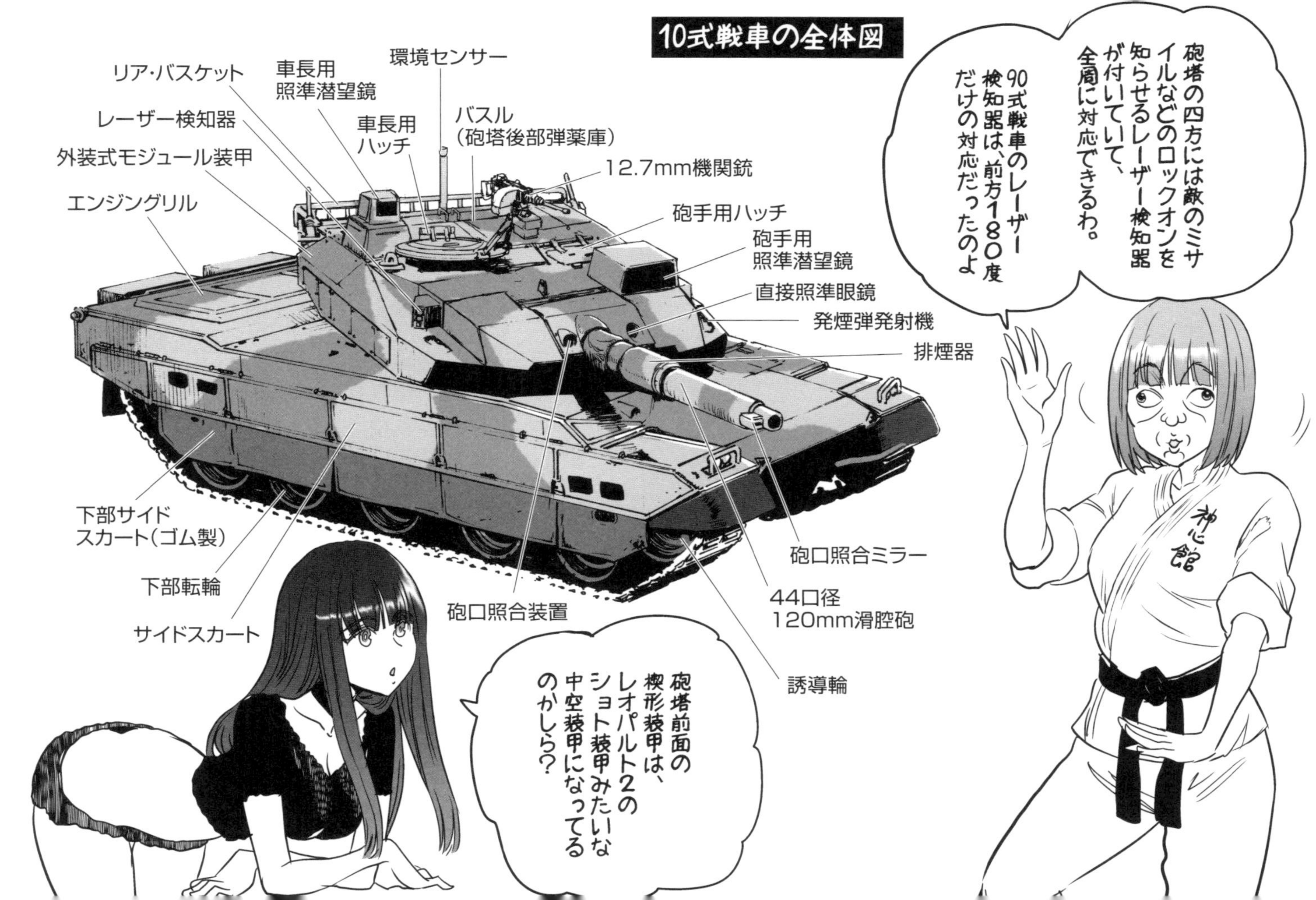
10式戦車の全体図
砲塔の四方には敵のミサイルなどのロックオンを知らせるレーザー検知器が付いていて、全周に対応できるわ。
90式戦車のレーザー検知器は、前方180度だけの対応だったのよ
環境センサー
車長用照準潜望鏡
車長用ハッチ
バスル（砲塔後部弾薬庫）
リア・バスケット
レーザー検知器
外装式モジュール装甲
エンジングリル
12.7mm機関銃
砲手用ハッチ
砲手用照準潜望鏡
直接照準眼鏡
発煙弾発射機
排煙器
下部サイドスカート（ゴム製）
下部転輪
サイドスカート
砲口照合装置
砲口照合ミラー
44口径120mm滑腔砲
誘導輪
砲塔前面の楔形装甲は、レオパルト2のショト装甲みたいな中空装甲になってるのかしら？
神心館

10式戦車のC4I能力
指揮・通信・情報システムは高度にデジタル化されてて、無線通信だけだった90式に比べて一気に性能がアップしてるんだね
車長席
砲手席
タッチパネル式なので指一本で目標ロックオン♪
10式戦車の攻撃力
主砲は国産の44口径120mm滑腔砲よ。高腔圧化したり新型の徹甲弾を使うことで、貫通力は90式より大幅に向上しています
弾薬の装填は自動装填装置で行い、当然90式より射撃精度もアップしているわ
将来的にはレオパルト2A6みたいに、55口径120mm砲に換装できるといわれてるのね
10式120mm装弾筒付翼安定徹甲弾
55口径砲塔搭載の10式想像図

10式戦車の攻撃・防御・機動力

10式戦車の主砲は、国産の44口径120㎜滑腔砲だ。砲塔上面の前部左側には砲手用照準潜望鏡が、砲塔上面の後部右側には全周旋回可能な車長用照準潜望鏡が、それぞれ装備されており、砲手が目標を照準して砲撃する間に、車長が次の目標を捜索して捕捉する、いわゆる「ハンター・キラー」的な運用が可能となっている。

10式戦車の標準状態では、車体の前面に「車体モジュール装甲」、砲塔の前面や側面に「砲塔モジュール装甲」と呼ばれる着脱可能な外装式のモジュール装甲が装着されており、その外側は空間装甲（スペースド・アーマー）、内側は複合装甲と推測されている。また、「低脅威対応型砲塔モジュール装甲」や「低脅威対応型車体モジュール装甲」も存在しており、想定される脅威に応じてモジュール装甲を換装できるようになっている。さらに「付加装甲Ⅰ型」「付加装甲Ⅱ型」「付加装甲（上面用）」「付加装甲（操縦手足元防護）」という名称の付加装甲も開発されている。

そのため、10式戦車の車重は、73式特大型セミトレーラや民間の大型トレーラーにも積載可能な輸送時の40tから、標準状態のモジュール装甲を装着して燃料等を搭載するが乗員は乗らず弾薬や機関銃も搭載しない空車時の43・2t、これらを搭載した

10式戦車の装甲防御力

時（全備重量）の44・4t、付加装甲を装着した最大時の48・1tまで変化する。つまり、装甲の状態を変化させることで、多様な脅威への対応と戦略的な機動力を可能な限り両立させているのだ。

そして40tの状態ならば、全備重量が74式戦車の約38tとほぼ変わらず、74式戦車のように全国的に配備するにも適している（もっとも二時間目で説明するが、陸自の戦車は北海道と九州に集約されることになっている）。

エンジンは、液冷式の4サイクル・ターボ・ディーゼルで、出力は90式戦車の1500hpから1200hpに低下したが、車重は90式戦車より軽く、変速操向装置のパワー・ロスが少ない上に操作性も優れており、人車一体の操縦感覚と軽快な機動性を実現している。足回りには油気圧式懸架装置が採用されており、その油圧をコントロールすることで車体を上下させたり前後左右に傾斜させたりできる。

調達ペースが遅い10式戦車

10式戦車の調達は2010年度に始められ、2019年度時点で計99両が調達されて西部方面隊直轄の西部方面戦車隊や、北部方面隊の第7師団隷下の第71戦車連隊、第2師団隷下の第2戦車連隊などに配備が進められている。

10式戦車の機動力/足回り

サスペンションは74式と同じで、すべての転輪が油気圧式デスから

前後左右のヘンタイ的な姿勢制御もできるんデスね

グラヴィティ

機動力も90式を上回ってて、ぐねぐね走りながらのスラローム射撃でも百発百中なんだって！

こんなに可愛い10式だけど、調達ペースは遅くて、ここ数年は1年に5〜6両に留まってるわ…

ただし、調達ペースは、10式戦車で代替される見込みだった74式戦車よりもはるかに遅く、陸自の戦車勢力は急速に減少している。

10式戦車の派生車としては、回収作業用のウインチやクレーンを搭載した11式装軌車回収車がある。装軌車とはいわゆるキャタピラ車のことだ。

16式機動戦闘車の火力と機動力

２００８年度から、島嶼部に対する侵略や特殊部隊による攻撃などの多様な事態に対処するため、空輸性や路上における機動性に優れた「機動戦闘車」の開発が始められ、２０１６年度に16式機動戦闘車（Mobile Combat Vehicle の頭文字をとって「ＭＣＶ」とも呼ばれる。以下、これで略記する）として採用されることが決まった。

ＭＣＶの主砲には自動装填装置はなく、手動装填なので、乗員は、車長、砲手、装填手、操縦手の計4名。このうち、操縦手を除く3名が砲塔内に乗る。

主砲は、新規に開発された52口径１０５㎜ライフル砲を搭載しており、74式戦車搭載の１０５㎜ライフル砲用の弾薬を使用できる。砲塔上面の右側前部には固定式の砲手用照準潜望鏡が備えられており、その後ろに車長用展望塔（キューポラ）がある。反対の左側には装填手用ハッチがあり、その前方におそらくは

MCVの攻撃力・戦術的機動力

16式機動戦闘車（図／おぐし篤）

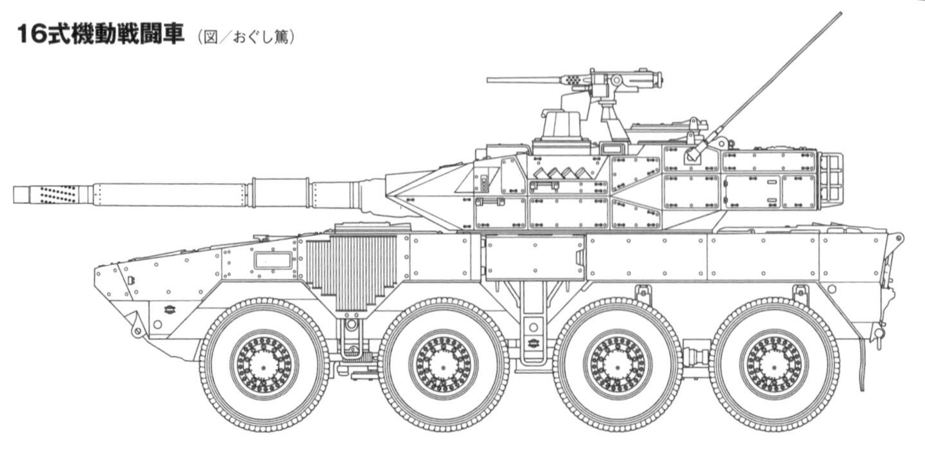

全備重量	約26トン
全長	8.45m
全幅	2.98m
全高	2.87m
最高速度	100km/h
航続距離	不明

エンジン	直列4気筒水冷ディーゼル
エンジン出力	570ps
武装	52口径105mmライフル砲×1、12.7mm機関銃×1、7.62mm機関銃×1
乗員	4名

MCVの戦略的機動力

装輪車だから、戦車と違って長距離を高速で自走できるのが大きなメリットなのね

空自最大のC-2輸送機でも主力戦車は輸送できないけど、MCVなら1両輸送できるのよ

ときどき「高速道路でタイヤの付いた戦車が走ってた」って目撃情報があるけど、それがMCVかなあ？

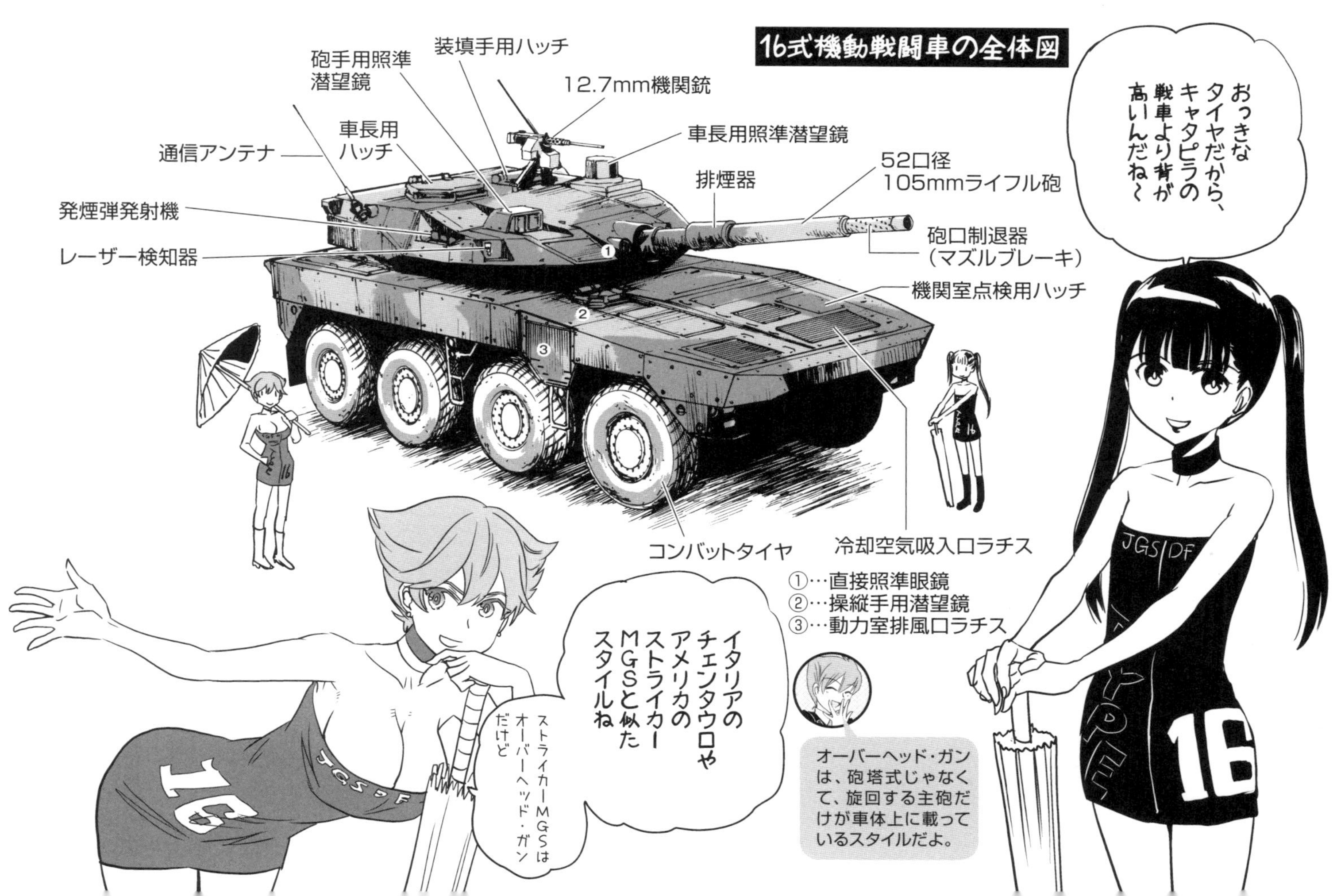
16式機動戦闘車の全体図
おっきなタイヤだから、キャタピラの戦車より背が高いんだねぇ
装填手用ハッチ
砲手用照準潜望鏡
12.7mm機関銃
車長用ハッチ
車長用照準潜望鏡
通信アンテナ
排煙器
52口径105mmライフル砲
発煙弾発射機
砲口制退器（マズルブレーキ）
レーザー検知器
機関室点検用ハッチ
コンバットタイヤ
冷却空気吸入口ラチス
①…直接照準眼鏡
②…操縦手用潜望鏡
③…動力室排風口ラチス
イタリアのチェンタウロやアメリカのストライカーMGSと似たスタイルね
ストライカーMGSはオーバーヘッド・ガンだけど
オーバーヘッド・ガンは、砲塔式じゃなくて、旋回する主砲だけが車体上に載っているスタイルだよ。

全周旋回可能な車長用照準潜望鏡が備えられている。これにより、10式戦車と同様に、砲手が目標を照準して砲撃する間に、車長が次の目標を捜索して捕捉する、いわゆる「ハンター・キラー」的な運用が可能となっている。

射撃統制装置や反動抑制機能には、10式戦車に用いられた技術が応用されているといわれている。事実、富士総合火力演習では実弾を使って左右への蛇行（スラローム）時を含む行進間射撃が実施されており、高度な射撃統制装置と砲撃時にも高い安定性を持っていることがわかる。

エンジンは、液冷式の4サイクル・ターボ・ディーゼルで、最高速度は約100㎞／hとされている。エンジン出力は570hpで、出力重量比（パワー・ウェイト・レシオ）は約21・9ps／tとなる。

装輪式の車両なので、装軌式の車両とちがって長距離を自力で高速移動できるし、航空自衛隊の現有の輸送機では空輸不可能な10式戦車や90式戦車とちがってC・2輸送機による空輸が考慮されているので、遠隔地や離島などの戦闘地域にもすばやく進出できるとされている。実際、すでに演習などで高速道路を使って自力で長距離移動を行っている。

16式機動戦闘車の配備と任務

MCVの調達は2016年度から始められ、2019年度末

MCVの防御力

…中空装甲と推定される部分

時点で計109両が調達されて、各機動師団／旅団隷下の即応機動連隊や各師団／旅団隷下の偵察隊を改編した偵察戦闘大隊に配備が進められている。つまり、10式戦車の調達数をすでに上回っているだけでなく、調達ペースも大幅に上回っているのだ。

このうち、即応機動連隊に配備されたMCVは、同連隊の主力である普通科中隊（歩兵中隊のこと）を支援する。具体的には、徹甲弾（APFSDS）の射撃で敵の装甲戦闘車両を撃破したり、多目的対戦車榴弾（HEAT・MP）の直接射撃による火力支援を行ったりするのだ。

機能的には、アメリカ陸軍の8輪装甲車のストライカーに105㎜砲を搭載したM1128ストライカーMGS（Mobile Gun System の略）に近い。しかし、一説にはMCVへのHEAT・MPの搭載は途中から決まったとも言われており、当初は対装甲目標用のAPFSDSのみの搭載が考えられていたとすれば、想定されていた役割は同じくストライカーにTOW対戦車ミサイルの発射機を搭載した対戦車車両であるM1134ストライカーATGM（Anti-Tank Guided Missile の略）に近いことになる。とはいえ、105㎜砲搭載の機動戦闘車で、120㎜級の主砲と強靭な複合装甲を備えた最新型の主力戦車を撃破するのはむずかしいので、おもな目標は水陸両用戦闘車や空挺戦闘車など比較的軽装甲の装甲戦闘車両になる。

MCVの運用方法

敵部隊が島嶼や本土に上陸した場合、MCVは空輸や自走で迅速に展開。普通科部隊の火力支援をしたり、直接射撃で敵車両を撃破するの

市街戦でも迅速に展開し、普通科部隊の突入支援や前進援護を行って、敵の特殊部隊などを掃討するのデスね

一方、戦闘偵察大隊に配備されたＭＣＶは、従来の偵察任務に加えて、アメリカ陸軍の機甲騎兵大隊などに近い、より戦闘的な任務につくものと思われる。具体的には、敵部隊に軽く攻撃をしかけて敵の反応や兵力などを探る威力偵察などが考えられる。

従来の陸自の偵察隊では、機甲師団である第7師団隷下で90式戦車が配備されている第7偵察隊を除くと、25㎜機関砲搭載の87式偵察警戒車がもっとも強力な車両であり、威力偵察に使うにはやや力不足だ。その点、ＭＣＶは105㎜砲を搭載しており、威力偵察には十分な火力を持っているといえる。

このＭＣＶに加えて、2013年度から牽引式の155㎜榴弾砲ＦＨ・70の後継となる装輪自走砲が「火力戦闘車」の名称で開発が始められ、2019年度から装輪155㎜榴弾砲として調達が始められ、現在は19式装輪自走155㎜榴弾砲と呼ばれている。

つまり、陸自の機甲戦力の中心は、装軌式の戦車や自走砲から、装輪式のＭＣＶや自走砲にシフトしつつあるのだ。

二〇時間目 陸上自衛隊の戦車・機械化部隊の編制と戦術 その3

9個師団6個旅団体制への移行

日本では、前講で述べたように、1976年（昭和51年）に防衛力整備の基本方針などを定めた「昭和52年度以降に係る防衛計画の大綱について」（51大綱）が国防会議および閣議（当時は自民党の三木武夫改造内閣）で決定されていた。

しかし、1989年の米ソ首脳による冷戦の終結宣言や1991年のソ連の崩壊など国際情勢の大きな変化に対応して見直されることになり、1995年（平成7年）には「平成8年度以降に係る防衛計画の大綱」（07大綱）が安全保障会議および閣議（当時は自民党、社会党、新党さきがけ連立の村山富市内閣）で決定された。

この「07大綱」に附属する「別表」では、陸自の編成定数がそれまでの18万人から16万人に削減された。陸自では、平時は一般企業などに勤務し有事の際に召集されるパートタイムの「予備自衛官」制度が1954年に導入されていたが、新たに訓練日数を増やして即応性を高めた「即応予備自衛官」制度が導入されることになり、フルタイムで勤務する常備自衛官の定員が14万5000人、即応予備自衛官の員数が1万5000人、計16万人とされたのだ。

また、陸自の主要装備は、戦車が約900両、主要特科装備が約900門／両と定められた。「51大綱」の「別表」には陸自の主要装備は記載されていないが、戦車が約1200両、主要特科装備が約1000門／両だったので、とくに戦車を中心に重装備が削減されることになったのだ。

こうした人員や装備の削減に対応して、陸自の基幹部隊は、それまでの13個師団2個混成団体制（うち1個は機甲師団）から9個師団6個旅団体制（うち1個は機甲師団）となり、4個師団が旅団に縮小されるとともに2個混成団が旅団に改編されることになった。

そして、まず1998年度に第13師団が第13旅団に、2000年度に第12師団が第12旅団に、2003年度に第5師団が第5旅団に、それぞれ縮小改編された。同時に、第13師団隷下の第13戦車大隊は第13旅団隷下の第13戦車中隊に、第5師団隷下の第5戦車大隊は第5旅団隷下の第5戦車隊に、それぞれ縮小改編されるとともに、第12師団隷下の第12戦車大隊は廃止されるなど、戦車部隊の縮小も進められていった。

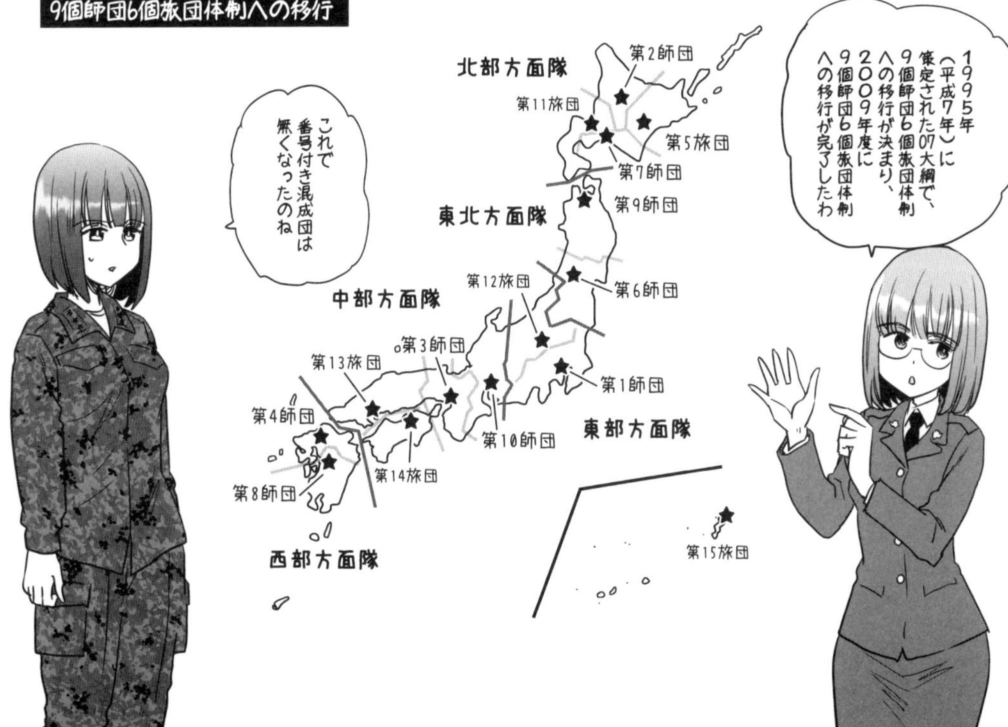

任務の特性に応じた部隊の新編

第12旅団(空中機動性を高めた旅団)の編制(2001年)

- 第12旅団司令部および司令部付隊
  - 第2普通科連隊
  - 第13普通科連隊
  - 第30普通科連隊
  - 第12特科隊
  - 第12高射特科中隊
  - 第12対戦車中隊
  - 第12偵察隊
  - 第12施設中隊
  - 第12通信中隊
  - 第12ヘリコプター隊
  - 第12後方支援隊
  - 第12音楽隊

(人員約4000名)

第12師団の編制(2000年)

- 第12師団司令部および司令部付隊
  - 第2普通科連隊
  - 第13普通科連隊
  - 第30普通科連隊
  - 第12特科連隊
  - 第12高射特科大隊
  - 第12戦車大隊
    - 大隊本部および本部管理中隊(戦車×2)
    - 戦車中隊(戦車×14)
    - 戦車中隊(戦車×14)
  - 第12対戦車隊
  - 第12偵察隊
  - 第12施設大隊
  - 第12通信大隊
  - 第12飛行隊
  - 第12後方支援連隊
  - 第12音楽隊

(人員約7000名、戦車30両)

「コア化」と任務の特性などに応じた編制

陸自では、前述のように即応予備自衛官が導入されたことによって、師団／旅団隷下の普通科連隊や戦車連隊も含めて、即応予備自衛官を主体とする「コア部隊」が多数編成されることになった。それらの「コア化」された部隊の中には、陸自唯一の機甲師団である第7師団隷下の第73戦車連隊も含まれていた。

そして、これも前講で述べたことだが、陸自の機甲師団を除く一般の師団では、普通科連隊1個を基幹として戦車中隊1個、特科大隊1個、施設中隊1個などを増強した連隊戦闘団（Regimental Combat Team 略してRCT）を編成するのが基本とされており、各師団の編制もそれを前提としたものになっている。

また、旅団隷下の「普通科連隊（軽）」は師団隷下の一般の普通科連隊よりも規模が小さいものの、旅団も師団と同様に普通科連隊（軽）を基幹としてRCTを組むことは変わらない。そのため、師団でも旅団でも、RCTの基幹となる連隊が「コア化」された場合、その連隊とRCTを組む各部隊も「コア化」されることが多かった。

さらに、こうした旅団や「コア部隊」への改編に加えて、各師団／旅団は、それぞれの警備地区や任務の特性などに合わせて、それぞれ大きく異なる編制をとることになった。例えば第12師団は、第12旅団への改編時に、前述したように隷下の第12戦車大隊が廃止される一方で、新たに第12ヘリコプター隊が新編されて「空中機動性を高めた」旅団に改編されている。つまり、陸自の作戦構想は、冷戦時代のほぼ同じ編制を持つ師団の数を揃えて戦うものから、それぞれ大きく異なる編制を持つ師団／旅団を組み合わせて戦うものに変わったといえる。

また、2001年度には、九州・沖縄方面を担当する西部方面隊の直轄部隊として離島防衛などを主任務とする西部方面普通科連隊が新編された。さらに2003年度には、防衛庁長官の直轄部隊として対特殊部隊対処などを主任務とする特殊作戦群が新編された。つまり、冷戦時代におもに想定されていた大規模な着上陸侵攻とは異なる、新しい脅威に対応した部隊の新編も始められたのだ。

即応近代化師団／旅団と総合近代化師団／旅団への改編

2004年、新たに「平成17年度以降に係る防衛計画の大綱」（16大綱）が決定された。冷戦の終結から10年以上が経過し、大量破壊兵器や弾道ミサイルの拡散、国際テロ組織の活動

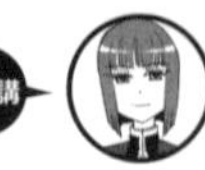

の活発化など、従来の国家間の武力衝突とは異なる新しい脅威や平和と安全に影響を与えるさまざまな事態への対処が求められるようになったことなどから、「07大綱」が見直されることになったのだ。

新しい「16大綱」の「別表」では、陸自の編成定数がさらに5000人削減されて15万5000人となった。また、戦車は約600両、主要特科装備は約600門／両と、「51大綱」時代のおよそ半分まで削減された。その一方で、常備自衛官の定員が14万8000人に増やされるとともに、常備自衛官に比べると即応性の低い即応予備自衛官の員数が7000人に削減された。

基幹部隊は、従来の9個師団6個旅団（うち1個は機甲師団）に加えて、防衛庁長官の直轄部隊である中央即応集団が新編されることになった。

陸自の師団／旅団のうち、8個師団6個旅団は「平時地域配備する部隊」、残る1個機甲師団は機動的に運用される「機動運用部隊」だが、この中央即応集団も機甲師団と同じく「機動運用

中央即応集団の編制（2007年）

- 中央即応集団司令部および司令部付隊
  - 第1空挺団
  - 第1ヘリコプター団
  - 特殊作戦群
  - 第101特殊武器防護隊
  - 国際活動教育隊

（なお、2008年3月に、海外派遣や国内の有事等に緊急展開する中央即応連隊と、生物兵器等の攻撃による傷病者の診断や治療などを担当する対特殊武器衛生隊が新編されて隷下に入るとともに、核・生物・化学兵器への対処などを担当する第101特殊武器防護隊が中央特殊武器防護隊に改編された）

16大綱：即応近代化師団／旅団と総合近代化師団／旅団への改編

●東北以南の師団／旅団は即応近代化師団／旅団に

●北海道の師団／旅団は総合近代化師団／旅団に

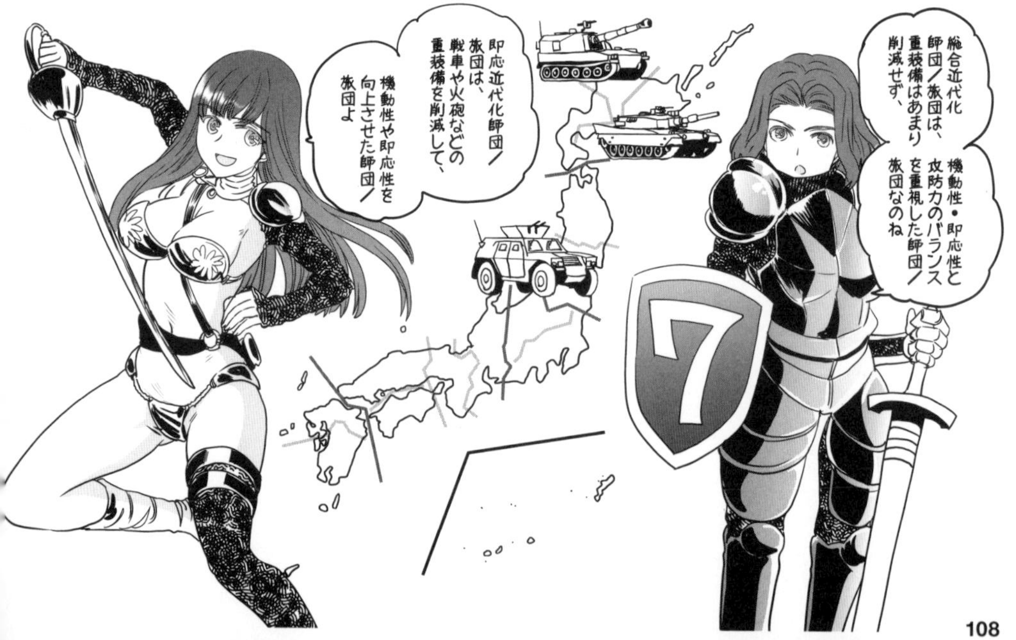

総合近代化師団／旅団は、重装備はあまり削減せず、
機動性・即応性と攻防力のバランスを重視した師団／旅団なのね
即応近代化師団／旅団は、戦車や火砲などの重装備を削減して、
機動性や即応性を向上させた師団／旅団よ

部隊」に区分されることになった。

一般に、敵の特殊部隊などによる小規模で限定的な侵略への対処には、大部隊を一挙に撃破できる火力よりも、神出鬼没の特殊部隊を捕捉できる機動力がより重要になる。また、例えば山中に潜伏する敵の特殊部隊に対する山狩りには、それを包囲する部隊の頭数が必要になるし、最後の突入作戦には特別な訓練を受けた専門部隊が必要になる。

そのため、新しい「16大綱」では、戦車や火砲などの重装備が削減される一方で、召集に時間のかかる即応予備自衛官よりも有事の際にすぐに出動できる常備自衛官が増強されるとともに、全国的に運用される専門部隊を集中した即応部隊が新編されることになったのだ。

そして、2005年度に第2混成団が第14旅団に、2007年度末に第11師団が第11旅団に、2009年度に第1混成団が第15旅団に、それぞれ改編されて9個師団6個旅団体制への移行を完了した。また、2006年度には中央即応集団が新編されて特殊作戦群や第1空挺団、第1ヘリコプター団などが同集団の隷下に入った。さらに同年度に、それまでの防衛庁が防衛省に昇格した。

一方、師団/旅団の編制に関しては、東北以南の各師団/旅団は重装備を削減するなどして機動性や即応性を高

機動師団/機動旅団への改編

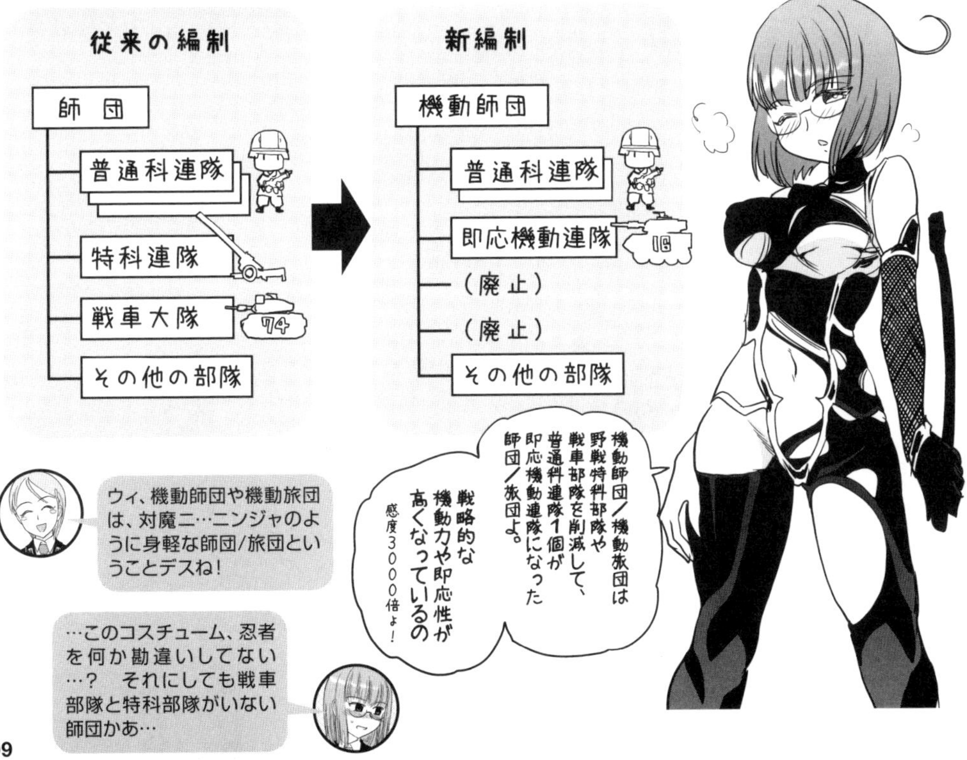

めた「即応近代化師団／旅団」に、北海道の各師団／旅団は相応の重装備を保有して本格的な侵略にも対処できる総合的なバランスを重視した「総合近代化師団／旅団」に、それぞれ区別して必要な改編が行われることになった。加えて、即応予備自衛官を主体とする「コア部隊」を各方面隊直轄の方面混成団の隷下に集約する事業が始められ、各師団／旅団の隷下から「コア部隊」をなくして即応性の向上が図られることになった。

そして陸自の作戦構想は、各種の事態にまず中央即応集団や当該方面の「即応近代化師団／旅団」を中心として対応し、状況によっては北海道の「総合近代化師団／旅団」を東北以南に転用する、といったものになった。つまり、冷戦時代にはもっとも重視されていた北海道の部隊を他の方面に転用することが当たり前になったのだ。

動的防衛力から統合機動防衛力、多次元統合防衛力へ

２００９年に民主党、社民党、国民新党の連立による鳩山由紀夫内閣が成立して政権交代が実現し、２０１０年（平成22年）には「平成23年度以降に係る防衛計画の大綱」（22大綱）が安全保障会議および閣議（当時は菅

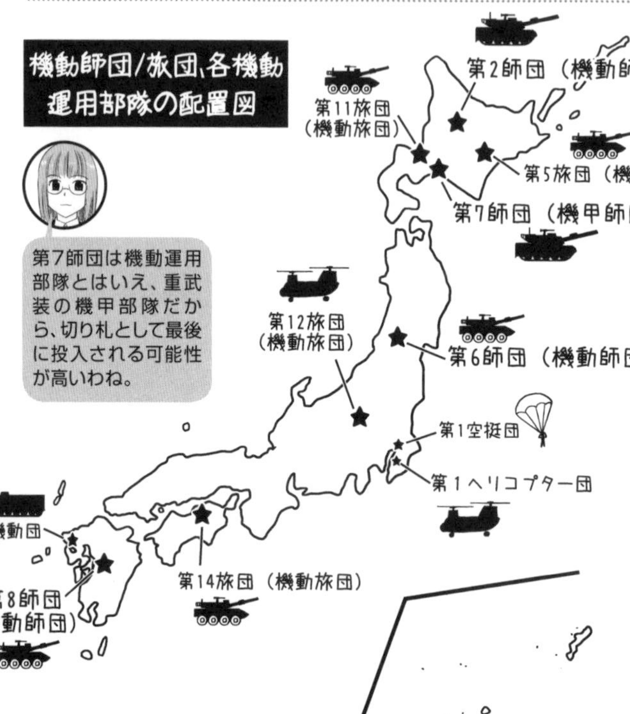

直人第一次改造内閣）で決定された。

この「22大綱」の「別表」では、陸自の編成数定が15万4000人、常備自衛官が14万7000人と、わずかに削減されるとともに、戦車が約400両に、火砲（従来の「主要特科装備」から「火砲」のみに限定された）が約400門／両に、それぞれ削減されたが、作戦基本部隊である師団／旅団の数に変化はなかった。そして、引き続き各師団／旅団の「即応近代化師団／旅団」への改編や「コア化」された普通科連隊の方面混成団隷下への異動などに加えて、戦車部隊の縮小も進められていった。なお、第7師団隷下の「コア部隊」であった第73戦車連隊は、2013年度に即応予備自衛官の訓練を北部方面混成団に移管して常備化されている。

2012年には自民党と公明党の連立による第二次安倍晋三内閣が成立し、2013年（平成25年）には「平成26年度以降に係る防衛計画の大綱」（25大綱）が決定された。

この「25大綱」の「別表」では、陸自の編成定数が15万9000人で5000人の増となり、「07大綱」以降で初めて増やされた。その内訳は、常備自衛官が15万1000人で4000人の増、即応予備自衛官が8000人で1000人の増と、即応性がもっとも高い常備自衛官

水陸機動団の新編

を中心に増やされた。その一方で、陸自の主要装備は「別表」から外されることになったが、表外の注記に戦車は約300両、火砲は約300両／門とすることが記されている。つまり、重装備は引き続き削減が進められることになったのだ。

　そして、従来の「22大綱」の「別表」では「平素地域配備する部隊」とされていた8個師団6個旅団のうち、3個師

水陸機動団の編制（2018年）

- 団本部および本部付隊
  - 第1水陸機動連隊
  - 第2水陸機動連隊
  - 戦闘上陸大隊
  - 特科大隊
  - 偵察中隊
  - 施設中隊
  - 通信中隊
  - 後方支援大隊
  - （水陸機動教育隊）

（人員約2100人）

第8師団（機動師団）の編制（2018年）

- 第8師団司令部および司令部付隊
  - 第12普通科連隊
  - 第42即応機動連隊
  - 第43普通科連隊
  - 第8高射特科大隊
  - 第8偵察隊
  - 第8施設大隊
  - 第8通信大隊
  - 第8飛行隊
  - 第8特殊武器防護隊
  - 第8後方支援連隊
  - 第8情報隊
  - 第8音楽隊

（人員約6100名）

2018年3月、陸上総隊の新編

- 防衛相
  - 統合幕僚長
    - 中央即応集団
    - 北部方面隊
    - 東北方面隊
    - 東部方面隊
    - 中部方面隊
    - 西部方面隊
- 在日米軍（調整）
- 海上自衛隊（調整）
- 航空自衛隊（調整）

だよね

ちょうせいがめんどくさい!

↓

- 防衛相
  - 統合幕僚長
    - 陸上総隊 ←調整一元化→ 在日米軍、海上自衛隊、航空自衛隊
      - 第1空挺団
      - 水陸機動団
      - 第1ヘリコプター団
      - 北部方面隊
      - 東北方面隊
      - 東部方面隊
      - 中部方面隊
      - 西部方面隊

以前は陸自の各方面総監部が個別に命令を執行し、海自や空自、米軍との調整も各方面総監部や中央即応集団司令部が個別にこなしていて、非効率的だったの

でも陸上総隊が新設されて、陸上総隊司令官が一元的に命令を執行することとなって、海自や空自、米軍との調整も一元化されたのよ

ちなみに海自や空自は、以前から自衛艦隊や航空総隊が一元的に命令を執行してたわ

中央即応集団の麾下にあった水陸機動団や第1空挺団、第1ヘリコプター団や特殊作戦群なども陸上総隊直轄になったのね。

団が「機動師団」に、4個旅団が「機動旅団」に、それぞれ改編されて「機動運用部隊」に含まれることになった。また、この「機動運用部隊」には、新編される水陸機動団も含まれることになった。

機動師団／機動旅団は、従来の師団／旅団よりも即応性や機動性を重視した装備編制を持つ。具体的には、北部方面隊の機動師団や機動旅団を除いて戦車部隊や野戦特科部隊が廃止される予定で、隷下の1個普通科連隊が即応機動連隊になっている。この即応機動連隊は、16式機動戦闘車や各種の装輪装甲車などを装備し、機動性や被輸送性を高めた諸職種の部隊をあらかじめパッケージ化した部隊だ。

水陸機動団とは、島嶼部への逆上陸などの水陸両用作戦を担当する部隊で、従来の西部方面普通科連隊を改編した第1水陸機動連隊や、水陸両用車AAV7を装備する戦闘上陸大隊などが隷下に置かれている。

そして「22大綱」では、戦車は、北海道では各師団／旅団に、九州では西部方面隊の直轄部隊に、それぞれ配備されることになった。また火砲は、北海道では各師団／旅団に、東北以南では各方面隊の直轄部隊に集約されることになった。

さらに中央即応集団を廃止して、従来の5つの方面総監部の上に陸自の統一司令部である陸上総隊司令部を新編し、その隷下に水

即応機動連隊の編制例（2018年）

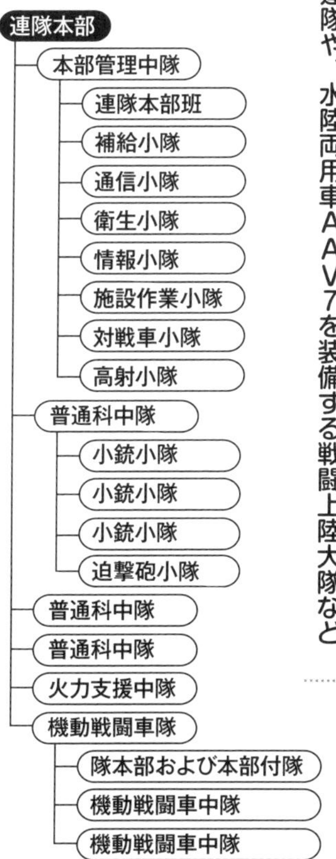

（人員約800人。一部の連隊は編制に多少の差異がある）

これまでの防衛大綱における陸自主要装備の変遷

	51大綱	07大綱	16大綱	23大綱	25大綱	30大綱
戦車(両)	約1200	約900	約600	約400	約300	約300
火砲（門/両）	約1000	約900	約600	約400	約300	約300

どんどん戦車と大砲が減ってくわね…海自（ウチ）は空母みたいな護衛艦とか作って、なんかごめんなさいね～。

あわわわわ…

陸機動団や第1空挺団、第1ヘリコプター団、特殊作戦群などを置くとともに、第一線部隊の大部分を一元的に指揮する体制を作ることになった。

そして、2017年度に陸上総隊と水陸機動団が新編されるとともに、第8師団が機動師団に、第14旅団が機動旅団に、それぞれ改編された。次いで2018年度には、第6師団が機動師団に、第11旅団が機動旅団に、それぞれ改編されている。

陸自の作戦構想は、例えば島嶼部の防衛では、事前に兆候を得たら、まず第1空挺団などの先遣部隊を第1ヘリコプター団などで輸送して展開させる。次いで本隊の第1次展開として各地の機動師団／機動旅団隷下の即応機動連隊を航空自衛隊の輸送機などで輸送して展開させる。さらに第2次展開として各地の機動師団／機動旅団などを海上自衛隊の輸送船などで輸送して展開させる。また、島嶼への侵攻があった場合には、水陸機動団を水陸両用車で上陸させたり、第1空挺団などを降着させたりして奪回する、といったものになった。

2018年には「平成31年度以降に係る防衛計画の大綱」（30大綱）が決定された。この「30大綱」の「別表」では、新たに、島嶼防衛用高速滑空弾部隊として2個高速滑空弾大隊、弾道ミサイル防衛部隊として2個弾道ミサイル防衛隊が、それぞれ記載されている。

30防衛大綱の別表

<table>
<tr><td rowspan="15">陸上自衛隊</td><td>編成定数</td><td colspan="2">15万9千人</td></tr>
<tr><td>常備自衛官定員</td><td colspan="2">15万1千人</td></tr>
<tr><td>即応予備自衛官員数</td><td colspan="2">8千人</td></tr>
<tr><td rowspan="12">基幹部隊</td><td rowspan="6">機動運用部隊</td><td>3個機動師団</td></tr>
<tr><td>4個機動旅団</td></tr>
<tr><td>1個機甲師団</td></tr>
<tr><td>1個空挺団</td></tr>
<tr><td>1個水陸機動団</td></tr>
<tr><td>1個ヘリコプター団</td></tr>
<tr><td rowspan="2">地域配備部隊</td><td>5個師団</td></tr>
<tr><td>2個旅団</td></tr>
<tr><td>地対艦誘導弾部隊</td><td>5個地対艦ミサイル連隊</td></tr>
<tr><td>島嶼防衛用高速滑空弾部隊</td><td>2個高速滑空弾大隊</td></tr>
<tr><td>地対空誘導弾部隊</td><td>7個高射特科群/連隊</td></tr>
<tr><td>弾道ミサイル防衛部隊</td><td>2個弾道ミサイル防衛隊</td></tr>
</table>

注1: 戦車及び火砲の現状（平成30年度末定数）の規模はそれぞれ約600両、約500両/門であるが、将来の規模はそれぞれ約300両、約300両/門とする。

まとめ

■陸上自衛隊のおもな装甲戦闘車両

旧		新
90式戦車	→	10式戦車
	→	16式機動戦闘車
89式装甲戦闘車	→	96式装輪装甲車
75式自走155mm榴弾砲	→	99式自走155mm榴弾砲
	→	19式装輪自走155mm榴弾砲
（各種トラック等）	→	軽装甲機動車

■陸自の主要部隊と運用構想

1996年度～

「07大綱」で13個師団2個混成団体制から9個師団6個旅団体制への移行を明示。
戦車や火砲などの重装備の削減に着手し、以後現在まで削減が続けられる。
新たな脅威などに対応して西部方面普通科連隊や特殊作戦群を新編。

2005年度～

「16大綱」で、全国に機動運用される中央即応集団を新編。
9個師団6個旅団体制への移行を完了。

2011年度～

「22大綱」で「動的防衛力」構想を打ち出す。

2014年度～

「25大綱」で「統合機動防衛力」構想を打ち出す。
中央即応集団を廃止するとともに陸上総隊を新編。
水陸両用作戦用の水陸機動団を新編。
機動師団や機動旅団への改編に着手。
島嶼部などに全国の部隊を機動的に展開させる体制の整備が始まる。

2019年度～

「30大綱」で「多次元統合防衛力」構想を打ち出す。

日直 えりか まどか

第四講 イタリアとスウェーデンの戦後戦車

ずっしり…
さて、戦後のイタリア陸軍は、
アメリカ製のM47、続いてM60A1を採用します
重くてデカくて、
山がちなイタリアだと使いにくい…
その後、軽快でイタリアの地形に合ったレオパルト1も採用したのか〜
イタリアのOTOメララ社は、M60A1やレオパルト1のライセンス生産…
イタリアの
職人魂！
OTO Melara

それからレオ1の輸出型のレオーネ戦車や
レオ1をベースにしたOF-40の開発などで経験を積んで
罪をお許し下さいデス！
神よ兵器を作ってメシを喰う
OF-40
レオーネ

1980年代には、ついに戦後初の本格的な国産戦車、

C1アリエテを開発したんだね！

120㎜滑腔砲と優れた射撃統制装置FCS

複合装甲

大馬力エンジンを兼ね備えた戦後第3世代戦車だよ！

「ライセンス生産ぐらし」から「国産ぐらし」になったわけデスな！

ビシッ

エリカ

イタリア戦車は弱くない、いや強い！

それはアリエッティ

主砲はラインメタル製じゃなくて国産なのね

イタリアは中世から大砲の製造技術が高いものねぇ。海自の護衛艦もOTOメララの127㎜速射砲を

藤沢孝先生の「まりしま」娘ver.よー

そして アリエテと同時期に
戦後第2世代戦車並みの
火力を持った装輪装甲車、
いわゆる
「装輪戦車」の代表作
「B1チェンタウロ」
も開発したの！
砲塔は戦車、
車体は装甲車で、
まさに
ケンタウロス！
長距離移動の時に
戦車運搬車に
載せなきゃいけない
戦車と違って
タイヤ式の装輪車は
高速道路(アウトストラーダ)を
自力で走って移動
できるから、
のろのろ…
ばびゅーん
戦略的な
機動力は
戦車より
格段に
高いのよ
ドルルルル
ただ、不整地の
踏破能力や
主砲の
命中精度では
さすがに
装軌式の
戦車には
劣るけど

スウェーデンの場合
戦後のスウェーデンは
まずイギリスのセンチュリオンを主力戦車として運用していましたが…
1950年代半ばから、スウェーデンが戦後初めて国産開発した戦車が
Stridsvagn 103
無砲塔の「Sタンク」ことStrv103です！
「S型戦車」といえばビッグワンガムですネ！
キッ
何十年前の商品だと…
なんであんたがビッグワンガム知ってるのよ…
尖ってて平べったくてかっこいい！未来な感じ！
Sタンクは無砲塔で極端に姿勢が低く車体前面は急角度の傾斜装甲になっています
なお、センチュリオンと比べるとこんなに背の高さが違います
油気圧式サスペンションによって前後に姿勢制御可能です！

※最初はロールス・ロイスのディーゼルと
ボーイングのガスタービン

あつい!
その後スウェーデンはStrv103の後継として、戦後第3世代戦車「Strv2000」を計画しました!
また未来っぽいのがきた!
Strv2000の主砲は自動装填装置付きの
140㎜砲です!
ZUVO!
ところでStrv2000の主砲を見てくれ
こいつをどう思う?
すごく…
大きいです…
ゴクリ…

※ナターリャ

副武装は歩兵戦闘車を撃破できる強力な40㎜機関砲！
車体前部にパワーパックを搭載！
…なんというか…
軍オタの夢を具現化したみたいな戦車ね…
モジュラー式装甲を採用！
この戦車ならソ連戦車をアウトレンジで次々と討ち取れる！
ドンドンドン！
あわわ…
…はずでしたが…
諸般の事情でモックアップ（実物大模型）だけでボツりました…
ビュオオオオオ
1994年まで10年も開発してたのに…
ズコーッ
事情で連崩壊…
で、
まいどあり〜
Sタンクの後継は無難にレオパルト2の改良型になって、
今に至るのね…

第四講 第二次世界大戦後のイタリアとスウェーデンの戦車

今回は戦後の英仏独以外のヨーロッパの戦車ということで、イタリアとスウェーデンの戦車を勉強していくわ。

戦前は戦車を国産してたイタリアだけど、戦後はまずアメリカ製のM47、その次にM60を運用したんだよ。

第二次大戦のイタリアは残念戦車でシタから…戦後いきなり国産は無理ですよネェ…。

残念戦車の本場・フランスに言われたくないんだけど！

その次に軽快なレオパルト1を導入して、戦後第2世代戦車はM60とレオ1の二本立てに。

で、ライセンス生産を通じて経験を積んでいって、輸出用戦車OF-40を作ったのね。

このOF-40ってレオ1のパーツ流用し過ぎでしょ…（笑）

でも、冷戦末期になってついに世界水準の第3世代戦車、アリエテを独自開発したの！

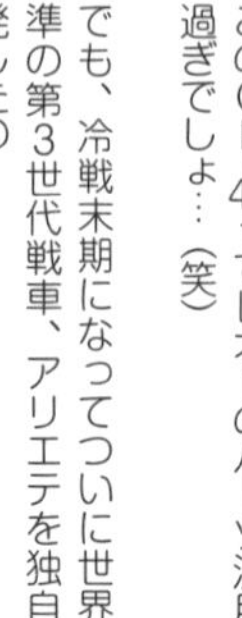

人魚姫みたいな名まえ！

それは「アリエル」…。

そして今トレンドの、戦略機動力が高くてそこそこ強い「装輪戦車」の代名詞、チェンタウロも開発したんだよ！

16式機動戦闘車の先輩だ！

こうしてみると、比較的軽量級の主力戦車と大口径砲装備の装輪装甲車の二枚看板で、陸上自衛隊と似てるかも。

細長い国土で、山がちな地形っていう共通点が多いもんね。

で、次は武装中立国のスウェーデンの戦車ね。まずイギリスのセンチュリオンを輸入して主力戦車にしたけど…

やっぱり国土に合った自国製の戦車が欲しいということで、無砲塔で姿勢制御ができるStrv103、通称Sタンクを開発、配備しました！

つぶれててとがっててカッコいいね！

イギリスやドイツも戦後に無砲塔戦車を試作したけど、スウェーデン軍は主力戦車にしたのね…。

さすがスウェーデン軍、トンガリロマン兵器を平然と制式採用するッ！そこにシビれる、あこがれるゥ！

同系統の主砲を積んだ74式戦車も、姿勢制御ができて待ち伏せが得意だけど、Sタンクはさらに待ち伏せに注力した第2世代戦車なのね。

それから、水にも浮くIkv91戦車駆逐車も開発したんですよ。

ちょっとシェリダンに雰囲気が似てるかも？

そんなスウェーデンも今ではドイツのレオパルト2A5を使ってるのよね。

ええ、でもレオパルト2SことStrv122は、レオ2A5を元に装甲をマシマシにしてます。

あのゴテゴテのレオ2A5をもっと重装甲にしてるんだ…？　やりすぎでしょ…

スウェーデンだし、装甲もI〇K〇Aで買ってきて組み立ててそう！

そうそう、レオパルト2A5でI〇E**Aに乗り付けて良さげな装甲を買って雑具箱に入れて持ち帰って家で組み立てて…ってそんなわけあるかい！**

ノリツッコミしたわよこの子…

一 時間目 第二次世界大戦後のイタリアとスウェーデンの戦車

本講では、これまでにとりあげられていないNATO（詳しくは後述）加盟国の代表としてイタリアを、またヨーロッパ諸国の中でもNATOやワルシャワ条約機構に加盟していなかった中立国の代表としてスウェーデンをそれぞれ取り上げてみたい。まずはイタリアの戦車からだ。

第二次世界大戦後のイタリアの戦車

アメリカ製戦車の採用

イタリア王国は、第二次世界大戦中の1943年9月に連合国と講和したが、同月にドイツの後押しでイタリア北部にベニート・ムッソリーニを元首とするイタリア社会共和国（Repubblica Sociale Italiana 略してRSI）が成立。南部のイタリア王国軍は連合国側の「協同交戦軍」となり、枢軸国側のRSI軍とは敵味方の関係となった。

第二次世界大戦の終結後、1946年にイタリアは国民投票によって王政から共和政への移行が決まり、イタリア王国軍は

大戦後のイタリアが採用したアメリカ製戦車

M47

M60A1

山岳地帯が多いイタリアでは、アメリカのマッチョな戦車は使いづらいわよね…

同じような事情の日本は61式戦車を作っちゃったけど

使いにくいのにM60A1を採用したのは、アメリカに配慮した政治的な理由もあるのね

ウチの戦車つかうよな！

アッハイ…

イタリア共和国軍となった。次いで1949年には、イタリアを含む12か国によって北大西洋条約機構（North Atlantic Treaty Organization 略してNATO）が発足。イタリアもアメリカを中心とする西側陣営の一角として、ソ連を中心とする東側陣営と対峙することになった。そして、イタリア軍にはアメリカ製の各種の装備が供給され、戦車もアメリカ製のM4中戦車やM26中戦車が配備された（※1）。

次にイタリア軍は、同じくアメリカ製のM47中戦車（アメリカ陸軍の制式名称は90㎜砲戦車M47）を（西ドイツからの中古品も含めて）2480両も導入した（※2）。しかし、イタリア軍は、大柄で扱いにくいM47に不満があり、その次の主力戦車は同様にM47に不満を持つ西ドイツとフランスの共同開発計画に加わることを決めた。ただし、共同開発とはいっても、統一の基本仕様に沿って西ドイツとフランスが別々に戦車を開発し、そのうちの勝者を採用するというもので、イタリアは1958年にこの計画に加わった。

ところが、西ドイツは自国で開発したレオパルト（レオパルト2が開発されるとレオパルト1となったので、以下はこれに統一する）を、フランスも自国開発のAMX・30を、それぞれ採用したため、この共同開発計画は空中分解することになった（詳しい経緯については『萌えよ！戦車学校 戦後編Ⅱ型』を参照）。

一方、イタリアは、政治的な配慮もあって、アメリカ製のM60主力戦車を採用した。厳密にいうと、新型砲塔を搭載する改良型のM60A1で、最初の100両はアメリカからの輸入、続く200両はイタリア国内のOTOメララ社でライセンス生産された。同社では、こうしたライセンス生産を通じて戦車の生産技術を育てていったのだ。

レオパルト1の生産とOF・40の開発

これまで述べてきたように、第二次世界大戦後のイタリア軍は、M60A1まで一貫してアメリカ製の戦車を主力として採用してきた。

だが、イタリア軍は大柄で鈍重なM60A1に満足しておらず、1970年にはより軽量で優れた機動力を持つレオパルト1の採用を決定。最初の200両は西ドイツから輸入され、それ以降の720両はOTOメララ社によってライセンス生産された。このうち、最初の40両は無印のレオパルト1（厳密にいうと第4バッチ）のイタリア軍仕様でレオパルト1-Tと呼ばれている。これ以降の880両はレオパルト1A2のイタリア軍仕様でレオパルト1A2-Tと呼ばれており、のちに1995年からドイツ軍のレオパルト1A5の中古砲塔を購入して120両が搭載し、レオパルト1A5-Tと呼ばれることになる。

※1＝第二次世界大戦で使われた戦車については『萌えよ！戦車学校Ⅱ型』を参照。
※2＝第二次世界大戦後のアメリカの戦車については『萌えよ！戦車学校 戦後編Ⅰ型』を参照。

レオパルト1の導入とOF-40の生産

OF-40

レオパルト1A5 IT

イタリア軍は結局
レオパルト1も
採用して、
ライセンス生産を
OTOメララが
ライセンス生産を
担当したのね

武器販売業者
でーす

武器メーカー
でーす

それから
レオパルト1を
参考にして
OTOメララと
フィアットが
輸出用の
OF・40を
開発したの

主砲は国産の
105mm砲だよ

OF-40とレオパルト1A4との大きな外見的な違いは、サイドスカートの形がレオパルト1A4はギザギザなのに対し、OF-40は直線、というところ。OF-40のOはOTOメララ、Fはフィアットの頭文字、40は40t級という意味なの。

ここで話をOTOメララ社でレオパルト1A2のライセンス生産が行われていた1975年に戻すと、同社やイタリアの有名な自動車メーカーでもあるフィアット社に加えて、西ドイツでレオパルト1を開発したクラウス・マッファイ社などが参加して国際的なコンソーシアム（共同事業体）が結成され、実質的にはレオパルト1A3の輸出バージョンといえるレオーネ（雄ライオンの意）がイタリア国内で組み立てられることになった。しかし、輸出は実現せず、レオーネは試作のみに終わっている。

次いでOTOメララ社とフィアット社は、40t級の輸出用戦車であるOF・40の開発に着手し、1980年に試作車が完成

OF-40 Mk.2

全備重量	45.5トン	全長	9.222m
全幅	3.51m		
全高	2.68m（機関銃含む）		
エンジン	MB838CaM-500 V型10気筒液冷ディーゼル		
エンジン出力	830hp		
最高速度	60km/h（路上）		
航続距離	600km		
武装	52口径105mmライフル砲×1、 7.62mm機関銃×2		
装甲	不明	乗員	4名

レオパルト1A3の輸出型として、独伊共同で試作された「レオーネ」の試作車

した。このOF・40の基本的なレイアウトや外形はレオパルト1A4によく似ており、エンジンなども基本的にはレオパルト1と同じものが搭載されている。ただし、主砲は、レオパルト1がイギリスで開発された105㎜戦車砲L7を搭載しているのに対し、OF・40はOTOメララ社製の105㎜戦車砲を搭載している。また、レオパルト1よりOF・40の方がやや重いなど、各部が異なっている。

このOF40は、アラブ首長国連邦(UAE)に18両が輸出され、次いで同国に主砲をスタビライズ(安定化)して射撃統制装置を近代化するなどの改良を加えたOF40Mod.2が18両(および戦車回収車型3両)輸出された。また、Mod.1と呼ばれることになった最初の18両も、Mod.2仕様に改修されている。

さらに1980年代末には、OTOメララ社製の120㎜滑腔砲を搭載し、エンジンをパワーアップするなど改良を加えたOF・40/120Mod.2Aが計画されたものの、部分的な試作のみに終わっている。

C1アリエテとB1チェンタウロの開発

一方、イタリア軍は、1980年代になっても残存していた旧式化したM47の更新を求めており、OTOメララ社を中心とするコンソーシアムによって新型の国産戦車C1が開発されるこ

C1アリエテの登場

C1アリエテの各部

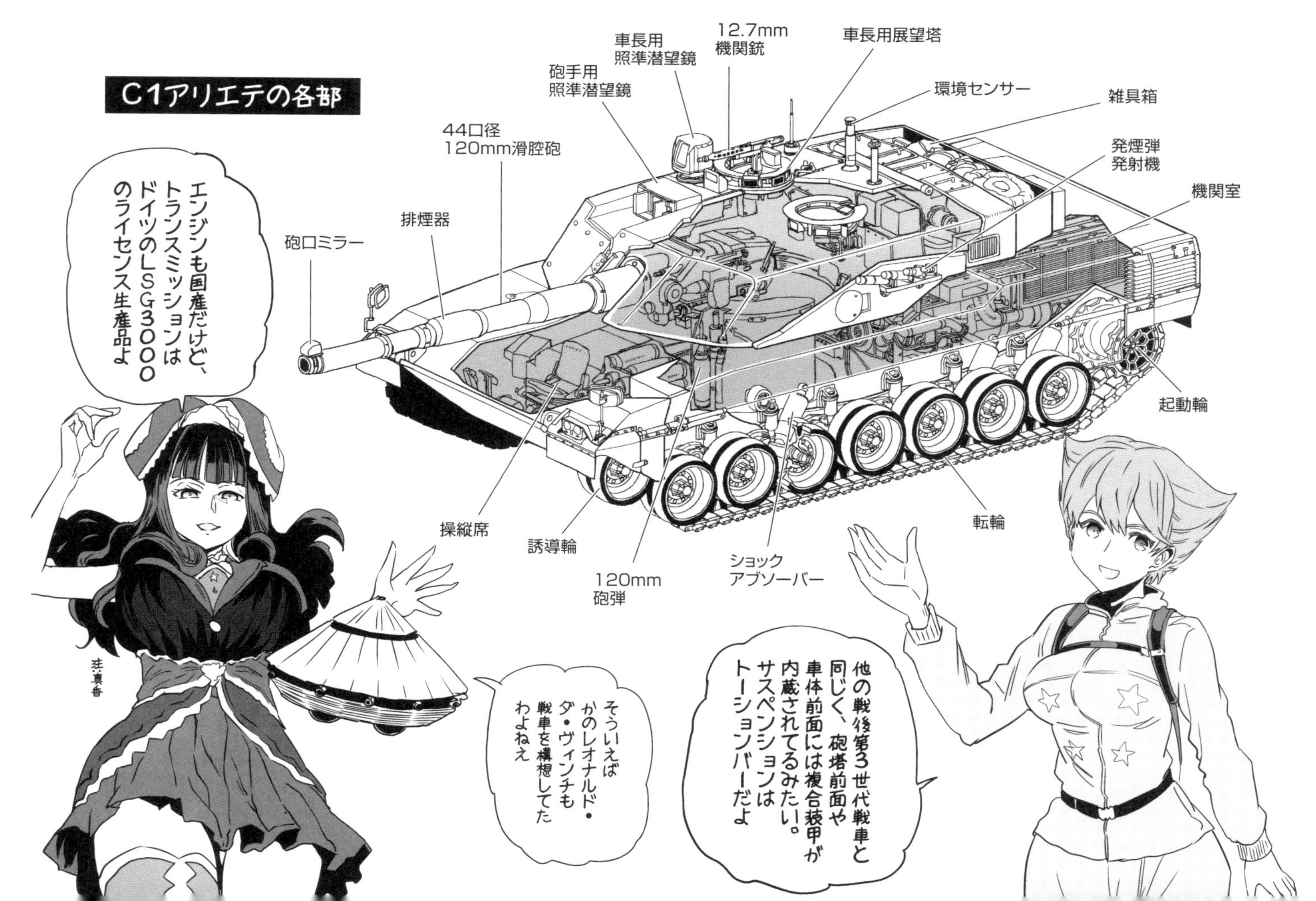

砲口ミラー
排煙器
44口径
120mm滑腔砲
砲手用
照準潜望鏡
車長用
照準潜望鏡
12.7mm
機関銃
車長用展望塔
環境センサー
雑具箱
発煙弾
発射機
機関室
起動輪
転輪
ショック
アブソーバー
120mm
砲弾
誘導輪
操縦席
エンジンも国産だけど、トランスミッションはドイツのLSG3000のライセンス生産品よ
他の戦後第3世代戦車と同じく、砲塔前面や車体前面には複合装甲が内蔵されてるみたい。サスペンションはトーションバーだよ
そういえばかのレオナルド・ダ・ヴィンチも戦車を構想してたわよねえ

とが決まった。そして、1986年には最初の試作車が完成し、アリエテ(雄羊の意)と名付けられた。

　このC1アリエテは、戦後第3世代に分類される戦車で、OTOメララ社製の120㎜滑腔砲と、国産のガリレオ社製の射撃統制装置を搭載している。各部に複合装甲を備えているが、詳細は明らかになっていない。1990年には採用が決まり、1995年末から配備が始められて、計200両が生産された。

　また、イタリア北部の平野部を中心に運用される主力戦車のアリエテに加えて、イタリア半島東岸のアドリア海沿岸部などに配備される軽装備部隊の火力支援や対戦車戦闘支援、偵察などを担当する装輪式装甲車が開発されることになった。そして、1987年には全体試作車が完成し、チェンタウロ（ケンタウロスの意）と名付けられた。

　このB1チェンタウロは8輪式の装甲

C1アリエテ

全備重量　54.0トン	全長(砲含む)　9.87m　　全幅(フェンダー含む)　3.61m
全高(パノラマサイト含む)　2.86m	エンジン　IVECO MTCA V型12気筒液冷ディーゼル
エンジン出力　1,300hp	最高速度　65km/h(路上)　　航続距離　550km
武装　44口径120mm滑腔砲×1、12.7mm機関銃×1、7.62mm機関銃×2	
装甲　複合装甲	乗員　4名

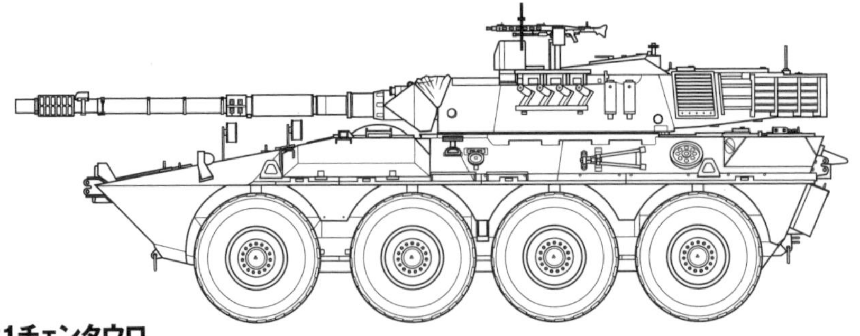

B1チェンタウロ

全備重量　27.0トン	全長(砲含む)　8.48m　　全幅(フェンダー含む)　3.05m
全高　2.73m	エンジン　IVECO 8262 V型6気筒液冷ディーゼル
エンジン出力　520hp	最高速度　110km/h(路上)　　航続距離　650km
武装　52口径105mmライフル砲×1、7.62mm機関銃×2	装甲　不明　　乗員　4名

B1チェンタウロの登場
チェンタウロの52口径105mmライフル砲は、戦後第2世代戦車までだったら十分撃破できるよ!
偵察、歩兵の火力支援、対戦車戦闘などの任務をこなす何でも屋ね
でも装甲は薄くて、正面装甲が耐えられるのは20mm機関砲弾くらいだと見られてマス。16式機動戦闘車と同じデスね
チェンタウロはケンタウロスのことだよ
B1 Centauro
偵察
対戦車戦闘
歩兵支援
牡羊だったりケンタウロスだったり、今回はモンスター娘なエリリンですナ…
チェンタウロの派生型
120mm砲を搭載したチェンタウロ2は、2018年にイタリア軍が採用を決めたのね
VBM(歩兵戦闘車)フレッチア
チェンタウロ2機動砲
フレッチアは25mm機関砲を搭載した装輪式の歩兵戦闘車だよ
乗員の他に8人の歩兵さんが搭乗できるの

車で、OTOメララ社製の105㎜ライフル砲と、C1アリエテと同系列の火器管制装置を搭載している。主力戦車のような複合装甲は備えておらず防御力は低いものの、アウトストラーダ（高速道路）を自力で長距離移動できるので戦略的な機動力が高い。イタリア軍への配備は1991年から始められ、イタリア軍向けには計400両が生産された。また、スペインやオマーンでも採用されたほか、イタリア軍の中古車がヨルダンに輸出されている。

このチェンタウロをベースにした8輪式のVBM（直訳すると中型装甲車だが、実質は歩兵戦闘車）フレッチア（矢の意）も開発されており、イタリア軍に配備されている。また、120㎜滑腔砲を搭載するチェンタウロ2機動砲や、半自動装填の120㎜迫撃砲を搭載するチェンタウロAMC迫撃砲車なども開発されている。

第二次世界大戦後のスウェーデンの戦車

Strv74の配備とセンチュリオンの採用

次に、欧州でNATOやワルシャワ条約機構に加盟していなかった中立国であるスウェーデンの戦車を見てみよう。

十九世紀から「非同盟・中立」政策を採ってきたスウェーデン

Strv74

「stridsvagn」は日本語だと「ストリッツヴァグン」って読むことが多いわね。

は、第二次世界大戦中も基本的には中立を維持し、大戦後の冷戦中も「非同盟・中立」政策を採った。

戦車に関しては、第二次世界大戦中に国内のランツベルク社が開発した車重22・5tで34口径75㎜砲を搭載するStrv m/42（Strvはstridsvagnの略で、戦車の意）を採用し、ドイツ降伏直前の1945年1月まで生産が続けられた。このStrv m/42のうち225両は、大戦後の1957年から1960年にかけて、60口径75㎜戦車砲を装備する新型砲塔を搭載するなどの改修を施されて、Strv74として配備された。

この改修に先立って、1953年にはイギリスで開発された巡航戦車センチュリオンを採用し、まず20ポンド砲（口径約84㎜）搭載のセンチュリオンMk.3を80両、続いて1955年に同じく20ポンド砲搭載のMk.5を160両、それぞれ購入してStrv81として配備した。次いで105㎜戦車砲L7搭載のMk.10を110両購入し、1959年からStrv101として配備を開始。さらに1964年から1966年までに既存のStrv81の主砲を105㎜戦車砲L7に換装するなどの改修を施して、Strv1

スウェーデン軍が運用したセンチュリオンの各型

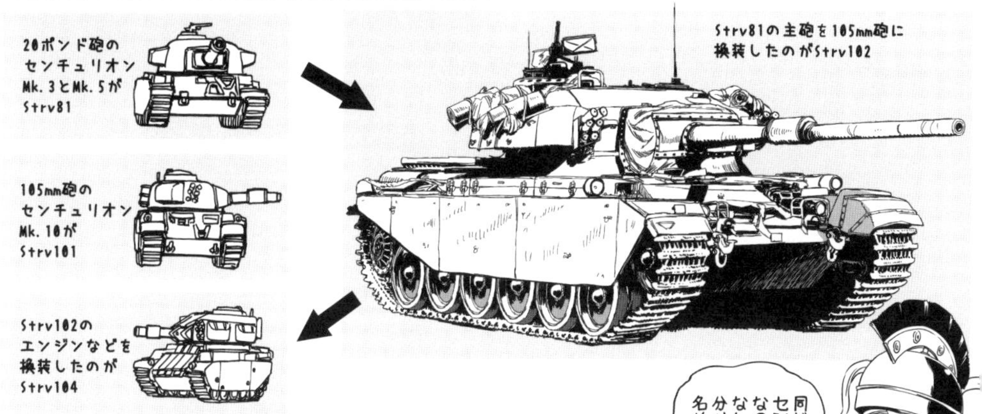

20ポンド砲のセンチュリオンMk.3とMk.5がStrv81

Strv81の主砲を105mm砲に換装したのがStrv102

105mm砲のセンチュリオンMk.10がStrv101

Strv102のエンジンなどを換装したのがStrv104

02として配備した。そして1984年から1986年にかけてStrv102のうち80両に新型のディーゼル・エンジンと変速操向装置を搭載するなどの改修を加えて、Strv104として配備することになる。

Strv103(Sタンク)とIkv91の開発

これらの輸入戦車とは別に、1956年にはフランス製のAMX・13軽戦車を参考に新型の国産戦車の研究を開始。自国の有名な兵器メーカーであるボフォース社を中心として、ランツベルク社や有名な自動車メーカーでもあるボルボ社によるコンソーシアムが結成され、1961年には62口径105㎜戦車砲を搭載する最初の全体試作車が完成した。続いて各種の試験を経て、1963年にStrv103として採用が決まり、先行量産車10両による部隊試験などを経て1967年から量産が開始された。そして1971年までに、先行量産車と最初の量産型のA型、ドーザー・ブレード(排土板)や浮航スクリーンなどを備えたB型をあわせて計300両が生産された。

いわゆる「Sタンク」として知られているStrv103は、無砲塔で低姿勢の車体に、51口径の105㎜戦車砲L7をベースに長砲身化した62口径の105㎜戦車砲L74を搭載しており、自動装填装置を備えている。主砲の俯仰は油気圧式懸架装置による車体の姿勢制御で行われる。車体前部にはディーゼルとガスタービンの二つのエンジンを搭載しており、航続力とダッシュ能力を両立させている。乗員は、機関部後方の車体右側に車長、主砲を挟んで左側に砲手兼操縦手、その背中合わせに通信手兼副操縦手が乗る。さらに1986年には、ディーゼル・エンジンや火器管制装置などを新型に換装し、増加燃料タンク兼用のサイドスカートを装着するなどの改良を加えたC型への量産改修が始められることになる。

スウェーデンは、このSタンクに次いで、国産の戦車駆逐車の開発に着手し、1969年に最初の試作車が完成。1974年には最初の先行量産車が完

Strv.103C

重量　42.5トン	全長　9.0m	全幅　3.8m	全高(機関銃含む)　2.43m
エンジン　デトロイトディーゼル6V-53T V型6気筒液冷ディーゼル+キャタピラー553ガスタービン			
エンジン出力　290hp+490hp	最高速度　50km/h(路上)、6km/h(水上)		
航続距離　390km	武装　62口径105mmライフル砲×1、7.62mm機関銃×3		
装甲　不明	乗員　3名		

前面装甲は大きく傾斜していて避弾経始がいいのですが、超高速のAPFSDSにはあまり効果がなかったみたいです…
Strv103(Sタンク)の登場
油気圧式サスで前後に傾斜でき、待ち伏せが得意です！
74式戦車みたーい
Sタンクの方が先なのよ
◆ 油気圧サスペンションの前後傾斜のメカニズム
後傾
前傾
窒素ガス
オイル

Strv103の内部図
62口径105mm ライフル砲
ギアボックス、ステアリングクラッチ
7.62mm 機関銃
ディーゼルエンジン
砲手兼操縦手
車長
自動装填装置
105mm砲弾
誘導輪
転輪
通信手兼副操縦手
起動輪
ガスタービンエンジン
主砲は限定旋回式でもなくて完全に固定式で、自動装填装置が車体の後ろに配置されてるのね
二人が背中合わせに乗ってるの、おもしろいね－！
なお、車体前部のエンジン等はHEAT弾を防ぐ装甲にもなります

Strv103の各型

C型

B型

B型では
車体前面下に
ドーザー・ブレード、
側面に浮航スクリーン
を装備して…

C型では
サイドスカートを
装着しました

HEAT弾用の
柵みたいな装甲を
装備した
バージョンも…

この柵装甲はなりふり構ってらんない感がすごいね…

成し、Ikv91（Ikvとは Infanterikanonvagn の略で直訳すると歩兵砲車）の名称が付けられて、1978年までにヘグランド社で計212両が生産された。

このIkv91は、浮航性を持つ戦車駆逐車で、ボフォース社製の90㎜低圧砲を搭載している。浮航性を確保するために装甲は薄く、防御力は低い。車体前部左側に操縦手、砲塔内の右側前方に砲手、その後方に車長、左側に装填手が搭乗する。

レオパルト2Sの採用

次いで1984年には、次期主力戦車Strv2000の開発に着手。自動装填装

Ikv.91

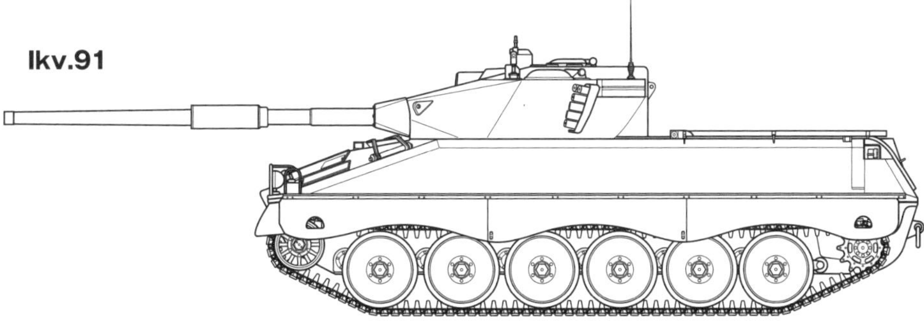

Ikv91の登場

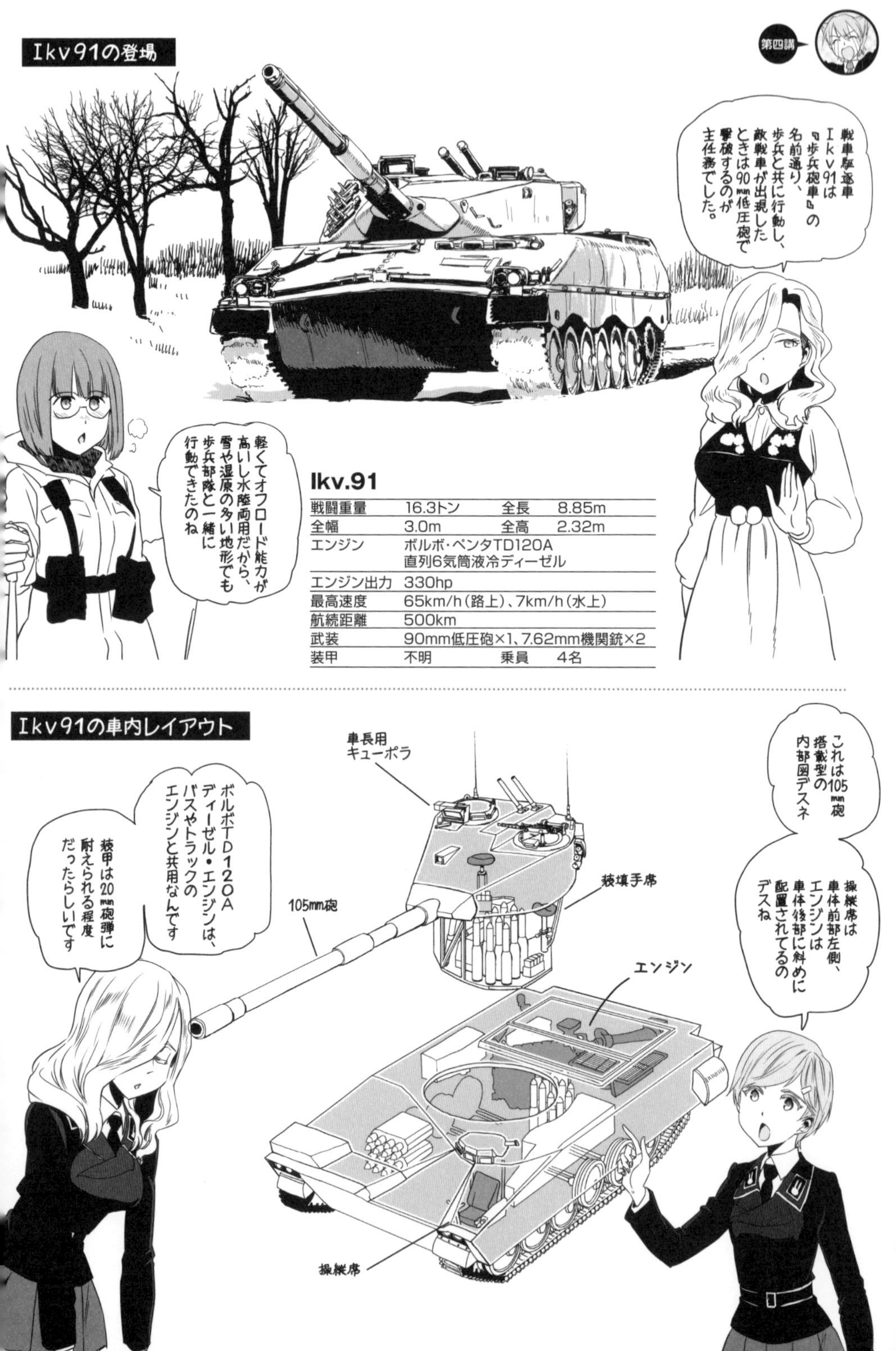

Ikv.91

戦闘重量	16.3トン	全長	8.85m
全幅	3.0m	全高	2.32m
エンジン	ボルボ・ペンタTD120A 直列6気筒液冷ディーゼル		
エンジン出力	330hp		
最高速度	65km/h（路上）、7km/h（水上）		
航続距離	500km		
武装	90mm低圧砲×1、7.62mm機関銃×2		
装甲	不明	乗員	4名

Ikv91の車内レイアウト

置付きの140㎜滑腔砲を搭載し、車体前部にパワーパックを搭載する斬新な設計だったが、開発の長期化や開発コストの高騰が見込まれたため、モックアップ（木型模型）が製作されただけで1987年に開発が中止された。

結局、スウェーデン軍は、クラウス・マッファイ社で開発されたレオパルト2の改良型の採用を決定し、1994年に120両の購入契約が結ばれた。このうち、最初の20両はドイツ国内で最終組み立てが行われ、残りはスウェーデン国内のヘグランド社で最終組み立てが行われて、Strv122の名称で配備された。このStrv122は、レオパルト2A5をベースに装甲を強化するなどの改良を加えたもので、一般にはレオパルト2Sと呼ばれている。また、ドイツから中古のレオパルト2A4（A3以前の車両をA4仕様に改修したものを含む）を160両リースし、Strv121の名称で配備。旧式化したStrv103は退役し、スウェーデン軍の主力戦車はレオパルト2系列で統一された。

その後、Strv121はドイツに返却され、2016年時点でのスウェーデン軍の戦車の保有数はStrv122が120両とされている。

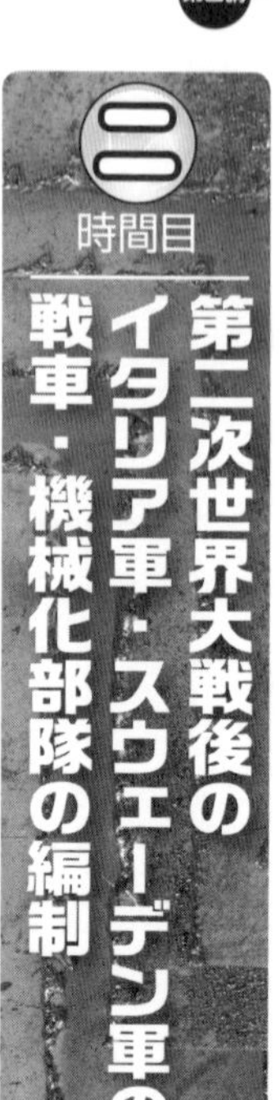

○○時間目 第二次世界大戦後のイタリア軍・スウェーデン軍の戦車・機械化部隊の編制

この時間は、繰り返しになるが、これまでにとりあげられていないNATO加盟国軍の代表としてイタリア軍を、またヨーロッパ諸国の中でもNATOやワルシャワ条約機構に加盟していなかった中立国の代表としてスウェーデン軍を、それぞれ取り上げて、冷戦が終結する直前の1980年代末時点における指揮系統と、作戦の基本となる部隊の編制や運用を見てみよう。

冷戦最盛期のイタリア軍の指揮系統

イタリア陸軍は、1989年時点では、有事の際には、イタリア北部に配置されていた第3軍団、第4アルピニ軍団、第5軍団の計3個軍団が、NATO軍の主要部隊の一つで南ヨーロッパ方面を担当する南ヨーロッパ連合軍（Allied Forces Southern Europe略してAFSOUTH）隷下の南ヨーロッパ連合陸軍（Allied Land Forces Southern Europe略してLANDSOUTH）の指揮下に入ることになっていた。

このAFSOUTHの司令部はイタリア南部のナポリに置かれており、総司令官にはアメリカ海軍の大将が任命された。またLANDSOUTHの司令部はイタリア北部のヴェローナに置かれており、総司令官にはイタリア陸軍の上級中将（直訳すると「特別任務を持つ軍団将軍」でアメリカ陸軍の大将に相当）が任命された。

前述のように、有事の際にNATOの指揮下となるイタリア陸軍の3個軍団のうち、ユーゴスラビア（当時）に近いイタリア北東部のヴィットリオ・ヴェネトに司令部を置く第5軍団には装甲旅団3個、機械化旅団4個、ミサイル旅団1個などが、南チロル地方のボルツァーノに司令部を置く第4アルピニ軍団にはアルピニ旅団5個などが、イタリア北部西寄りのミラノに司令部を置く第3軍団には装甲旅団1個、機械化旅団4個、自動車化旅団1個などが、それぞれ所属していた。加えてイタリア陸軍には、これら以外に、機械化旅団2個、自動車化旅団4個、落下傘旅団1個などがあった。

つまり、東西冷戦の最前線といえるイタリア北東部には重装備の装甲旅団や機械化旅団と、戦術核弾頭を搭載可能な地対地ミサイルMGM－52ランスを装備するミサイル大隊などが所属するミサイル旅団などを、その左翼側の山地である南チロル方面には山地戦用部隊であるアルピニ旅団を、それぞれ集中的に配備しており、それらの後方にあたるイタリア北西部には予備

冷戦最盛期のイタリア軍部隊の配置

ワルシャワ条約機構軍が攻めてきた場合、第5軍団や第4アルピニ軍団が食い止めて、第3軍団が後詰めで援軍に来る作戦だったのね。

兵力的な機械化旅団を、その他の地域には警備兵力的な自動車化旅団を、それぞれ中心として配備していたわけだ。

イタリア軍の戦車・機械化部隊の編制と運用

イタリア陸軍は、1975年に大規模な改編に着手し、連隊結節を廃止するとともに、諸兵種連合部隊として新たに編成された10個旅団を各軍団司令部が指揮するかたちになった。また1986年に始まった改編では、残っていた4個師団が廃止された。

1989年時点の各旅団のうち、装甲旅団の編制は、通常は戦車大隊2個、ベルサリエリ（狙撃兵）または機械化騎兵（実質は機械化歩兵）大隊1個、野戦自走砲兵大隊1個、（機械化）捜索大隊1個を基幹としていた。ただし、第5軍団の予備兵力として考えられていた装甲旅団「アリエテ」は捜索大隊がない代わりに戦車大隊が3個あるなど、旅団によって編制に多少の差異があった。

機械化旅団は、通常は戦車大隊1個、ベルサリエリまたは機械化騎兵または機械化歩兵大隊をあわせて3個、野戦自走砲兵大隊1個を基幹としていた。ただし、第5軍団に所属する機械化旅団の一部は、これらに加えて地域守備歩兵大隊1〜2個が

イタリア陸軍の編制（1989年）

- イタリア陸軍参謀本部
  - 第3軍団
    - 装甲旅団「チェンタウロ」
    - 機械化旅団「ゴーイト」
    - 機械化旅団「レニャーノ」
    - 機械化旅団「ブレシア」
    - 機械化旅団「トリエステ」
    - 自動車化旅団「クレモナ」
  - 第4アルピニ軍団
    - アルピニ旅団「カドーレ」
    - アルピニ旅団「ユリア」
    - アルピニ旅団「オロビカ」
    - アルピニ旅団「タウリネンセ」
    - アルピニ旅団「トリデンティーナ」
  - 第5軍団
    - 装甲旅団「マメーリ」
    - 装甲旅団「アリエテ」
    - 装甲旅団「ポッツオーロ・デル・フリウーリ」
    - 機械化旅団「ヴィットリオ・ヴェネト」
    - 機械化旅団「ガリバルディ」
    - 機械化旅団「ゴリツィア」
    - 機械化旅団「マントヴァ」
    - 第3ミサイル旅団「アクイレイア」
  - 第1軍管区司令部
  - 第5軍管区司令部
  - 第7軍管区司令部
    - 空挺旅団「フォルゴーレ」
    - 自動車化旅団「フリウーリ」
  - 第8軍管区司令部
    - 機械化旅団「サルディーニャ擲弾兵」
    - 自動車化旅団「アックイ」
  - 第10軍管区司令部
    - 機械化旅団「ピネローロ」
  - 第11軍管区司令部
    - 自動車化旅団「アオスタ」
  - サルディーニャ軍司令部
    - 自動車化旅団「サッサリ」
  - 陸軍対空砲兵司令部

（旅団以上の主要部隊のみ）

所属していた。また、第5軍団以外の機械化旅団隷下の砲兵部隊は、自走砲を装備する野戦自走砲兵大隊ではなく、牽引式の榴弾砲を装備する野戦砲兵大隊が多かった。なお、イタリア南部やサルディーニャ島に配備されていた機械化旅団には、これらに加えて訓練担当の歩兵大隊1個が所属していた。つまり、機械化旅団も装甲旅団と同様に、旅団によって編制に多少の差異があったのだ。

そして、ベルサリエリ大隊や機械化歩兵大隊、捜索大隊には、アメリカで開発されたM113装甲兵員輸送車や、これをベースに車体上面の機関銃座の周囲に防楯を追加し車体後部の

イタリア軍装甲旅団の編制例（1989年）

- 旅団司令通信大隊
  - 戦車大隊（M60A1主力戦車）
  - 戦車大隊（M60A1主力戦車）
  - ベルサリエリ大隊（VCC-1装甲戦闘車）
  - 野戦自走砲兵大隊（155mm自走榴弾砲M109）
  - 捜索大隊（レオパルト1A2主力戦車およびVCC-1装甲戦闘車）
  - 対戦車中隊
  - 工兵中隊
  - 兵站大隊

装甲旅団「アリエテ」の編制（1989年）

- 旅団司令通信大隊
  - 戦車大隊（レオパルト1A2主力戦車）
  - 戦車大隊（M60A1主力戦車）
  - 戦車大隊（M60A1主力戦車）
  - ベルサリエリ大隊（VCC-1装甲戦闘車）
  - 対戦車中隊
  - 野戦自走砲兵大隊（155mm自走榴弾砲M109）
  - 工兵中隊
  - 兵站大隊

装甲旅団『アリエテ』の編制

昔は戦闘機のRe.2001アリエテがあったし、戦前からの伝統の装甲旅団も、最新戦車の名前もアリエテなのね。イタリア軍はどうしてこんなに牡羊好きなのかしら…。

アルピニ旅団の編制例（1989年）

- 旅団司令通信大隊
  - アルピニ大隊
  - アルピニ大隊
  - アルピニ訓練大隊
  - 対戦車中隊
  - 山砲兵大隊（牽引式105mm榴弾砲M56）
  - 山砲兵大隊（牽引式155mm榴弾砲M114）
  - 工兵中隊
  - 兵站大隊

イタリア軍機械化旅団の編制例（1989年）

- 旅団司令通信大隊
  - 戦車大隊（レオパルト1A2主力戦車）
  - 機械化歩兵大隊（VCC-2装甲戦闘車）
  - 機械化歩兵大隊（VCC-2装甲戦闘車）
  - 機械化歩兵大隊（VCC-2装甲戦闘車）
  - 対戦車中隊
  - 野戦自走砲兵大隊（155mm自走榴弾砲M109）
  - 工兵中隊
  - 兵站大隊

落下傘旅団「フォルゴーレ」の編制（1989年）

- 旅団司令部および指揮中隊
  - 落下傘カラビニエリ大隊
  - 落下傘大隊
  - 落下傘大隊
  - 強襲大隊
  - 落下傘砲兵大隊（牽引式105mm榴弾砲M56）
  - 軽飛行大隊
  - 落下傘捜索中隊
  - 落下傘対戦車中隊
  - 落下傘工兵中隊
  - 落下傘兵站大隊
  - （軍落下傘学校）

イタリア軍自動車化旅団の編制例（1989年）

- 旅団司令通信大隊
  - 戦車大隊（レオパルト1A2主力戦車）
  - 自動車化歩兵大隊
  - 自動車化歩兵大隊
  - 歩兵（訓練）大隊
  - 対戦車中隊
  - 野戦砲兵大隊（牽引式155mm榴弾砲M114）
  - 工兵中隊
  - 兵站大隊

設計を大きく改めて側面に銃眼と視察装置を設けるなどの変更を加えたVCC（直訳すると装甲戦闘車）・1カミリーノや、同じくM113をベースにしたVCC・2などが配備されていた。また、野戦自走砲兵大隊にはアメリカで開発された155㎜自走榴弾砲M109などが配備されていた。

当時のイタリア陸軍の基本的な戦術は、簡単にまとめると、平地が比較的多いイタリア北東部では、戦車部隊や機械化部隊を主力とする機動的な兵力を主力として、地域守備の歩兵部隊を中心とする固定的な兵力と組み合わせて運用するものだったといえる。

冷戦最盛期のスウェーデン軍の指揮系統

スウェーデン軍は、1989年時点では、スウェーデンの国土を、上ノルランド、下ノルランド、ベルクスラーゲン、西部、東部、南部の計6個の軍管区（Militäromräde略してMilo）に区分し、それぞれをさらに細かく防衛区（Försvarsområde略してFo）に区分していた。このうち、東部軍管区に含まれるゴトランド島防衛区（Fo42）には常設のゴトランド軍司令部を置いていた。

スウェーデン陸軍の師団や旅団のうち、平時でも活動状態にあるのはゴトランド軍司令部指揮下のゴトランド旅団（第18装甲旅団）のみだったが、戦時には最大で7個師団、ゴトランド旅団を含む装甲旅団5個、機械化旅団1個、歩兵旅団18個、ノルランド旅団5個の計29個旅団が動員されることになっていた。

このうちの師団は、各軍管区内の旅団2～4個程度と師団直轄部隊などを指揮する。具体的には、第1師団と第13師団が南部、第3師団が西部、第4師団と第14師団が東部、第12師団が下ノルランド、第15師団が上ノルランドの各軍管区内のいくつかの旅団を指揮する。そして、このうちの第13師団は南部軍管区内の装甲旅団3個を指揮下に入れて陸軍の装甲予備兵力となり、またベルクスラーゲン軍管区には師団司令部が置かれず、同軍管区内の各旅団は陸軍の予備兵力として他の軍管区に配属される、といったことが考えられていた。

また、陸軍とは別に、軽装備の郷土防衛軍約10万人が動員可能だった。

冷戦最盛期のスウェーデン軍の軍管区と師団配置

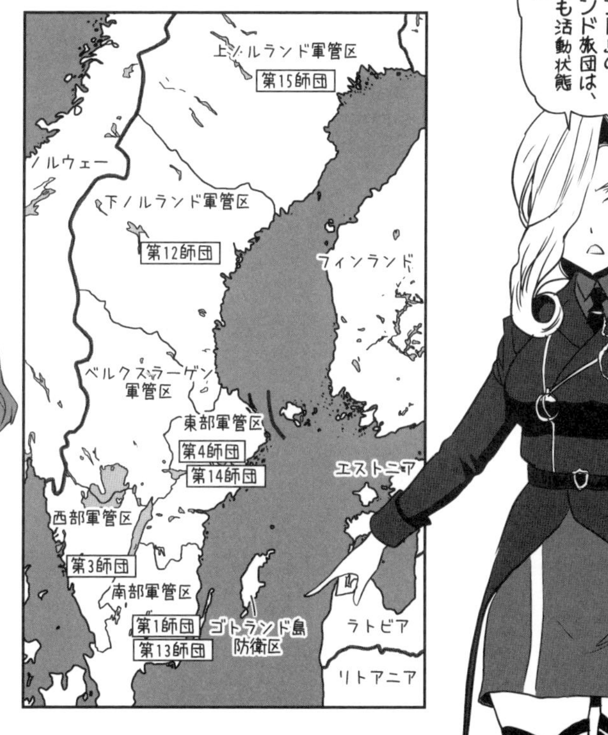

スウェーデン軍の戦車・機械化部隊の編制と運用

ゴトランド旅団（第18装甲旅団）を除く計4個装甲旅団（Pansarbrigad略してPB）の編制は「PB63M」と呼ばれるもので、装甲大隊3個を主力としていた。ゴトランド島の守備を担当するゴトランド旅団は、隷下の装甲大隊が5個に増やされている代わりに各装甲大隊隷下の戦車中隊が1個に減らされているなど、他の装甲旅団とは異なる独自の編制になっており、平時から定数が充足されていた。注目すべきは、各装甲大隊が戦車中隊2個、装甲狙撃（機械化歩兵）中隊2個、装甲榴弾砲（実質は牽引式の榴弾砲）中隊1個を主力とする諸兵種連合部隊となっており、ある程度独立して戦闘する能力を持っていたことだ。ゴトランド旅団を除く4個装甲旅団のうち3個が南部軍管区(Milo S)に配備されており、これらは前述のように第13師団の指揮下にまとめられて陸軍の機動的な予備兵力となることが考えられていた。

唯一の機械化旅団（mekaniserad brigad略してMekB）であるセーデルマンランド旅団（第10機械化旅団）の編制は「MekB85」と呼ばれるもので、通常の装甲大隊

スウェーデン軍・ゴトランド旅団の装甲大隊の編制

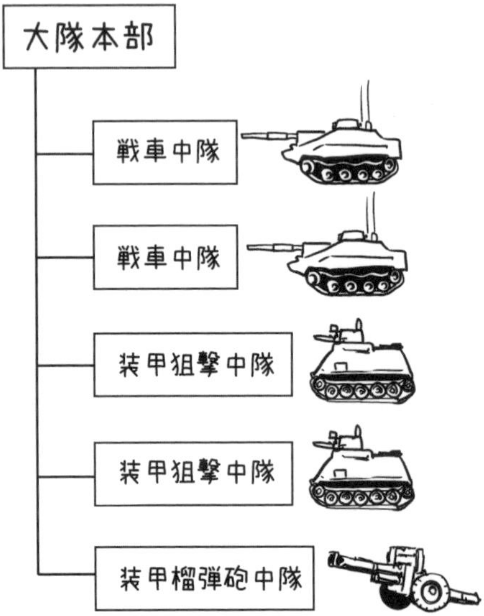

- 大隊本部
  - 戦車中隊
  - 戦車中隊
  - 装甲狙撃中隊
  - 装甲狙撃中隊
  - 装甲榴弾砲中隊

ゴトランド旅団の装甲大隊は、歩・砲・戦が揃って、ある程度独立して戦闘できるようになっていました

大隊レベルの部隊が諸兵種連合部隊になっているのは珍しいわね

より戦車を減らした装甲狙撃大隊2個と装甲大隊1個を主力とする編制をとっていた。このセーデルマンランド旅団は、首都ストックホルムの防衛などを担当することになっていた。

そして、これらの装甲旅団や機械化旅団に所属する装甲狙撃中隊や捜索中隊にはスウェーデン国産のPbv302装甲兵員輸送車などが配備されていた。

歩兵旅団（Infanteribrigad略してIB）の編制には「IB66M」と「IB77R」の2つがあり、いずれも狙撃大隊3個を主力としていたが、IB77Rでは装備の一部が近代化されているなどの差異がある。合計で18個ある歩兵旅団のうち、第3、第15、第17、第21、第41、第42、第43、第44歩兵旅団の計8個旅団がIB66M、第2、第4、第11、第12、第14、第33、第38、第46、第46、第47歩兵旅団の計10個旅団がIB77Rだった。これら歩兵旅団のおもな任務は、敵の戦力や企図の解明と、敵の進撃を遅らせる遅滞行動であった。

極北での作戦に適した（Norrlandsbrigad略してNB）の編制は「NB85」のみで、ノルランド旅団は、スウェーデン北部を中心に配備されており、極北での作戦に適した編制とそのための訓練を施されていた。

そして、IB66Mの狙撃大隊にはスウェーデン国産のBv202装軌車などが、IB77Rの狙撃大隊やNB85のノルランド狙撃大隊には同じく国産のBv206装軌車などが、それぞれ配備されていた。また、IB66Mの突撃砲中隊やIB77Rの装軌対戦車中隊には同じく国産のIkv91戦車駆逐車などが配備されていた。

スウェーデン軍の戦時編制（1989年）

- 国防軍参謀本部
  - 陸軍参謀本部
  - 海軍軍令部
  - 空軍参謀本部
  - 上ノルランド軍管区(Milo ÖN)
    - 第15師団
    - 第19ノルランド旅団
    - 第50ノルランド旅団
  - 下ノルランド軍管区(Milo NN)
    - 第12師団
    - 第14歩兵旅団
    - 第21歩兵旅団
    - 第44歩兵旅団
    - 第35ノルランド旅団
    - 第51ノルランド旅団
  - ベルクスラーゲン軍管区(Milo B)
    - 第2歩兵旅団
    - 第3歩兵旅団
    - 第33歩兵旅団
    - 第43歩兵旅団
    - 第13ノルランド旅団
  - 西部軍管区(Milo V)
    - 第3師団
    - 第9装甲旅団
    - 第15歩兵旅団
    - 第17歩兵旅団
    - 第45歩兵旅団
    - 第46歩兵旅団
    - 第47歩兵旅団
  - 東部軍管区(Milo Ö)
    - ゴトランド軍司令部
    - 第18装甲旅団
    - 第4師団
    - 第14師団
    - 第10機械化旅団
    - 第1歩兵旅団
    - 第4歩兵旅団
  - 南部軍管区(Milo S)
    - 第1師団
    - 第13師団
    - 第7装甲旅団
    - 第8装甲旅団
    - 第26装甲旅団
    - 第11歩兵旅団
    - 第12歩兵旅団
    - 第41歩兵旅団
    - 第42歩兵旅団
  - その他の機関

（実働部隊は陸軍の主要部隊のみ）

歩兵旅団IB77Rの編制（1989年）

- 旅団司令部
  - 狙撃大隊
    - 大隊本部および本部中隊
    - 狙撃中隊（Bv206装軌車）×4
    - 重迫撃砲中隊（牽引式120mm迫撃砲m/41）
    - 補給中隊
  - 狙撃大隊
  - 狙撃大隊
  - 榴弾砲大隊（牽引式155mm榴弾砲77A）
  - 捜索中隊(Tgb11、Tgb13野戦車)
  - 装軌対戦車中隊（Ikv91戦車駆逐車）
  - 対戦車中隊（Rb56対戦車ミサイルBILL1、90mm無反動砲Pvpj1110）
  - 工兵大隊
  - 対空中隊（Rb70地対空ミサイル、20mm対空機関砲m/40-70）×2
  - 後方支援大隊

装甲旅団PB63Mの編制（1989年）

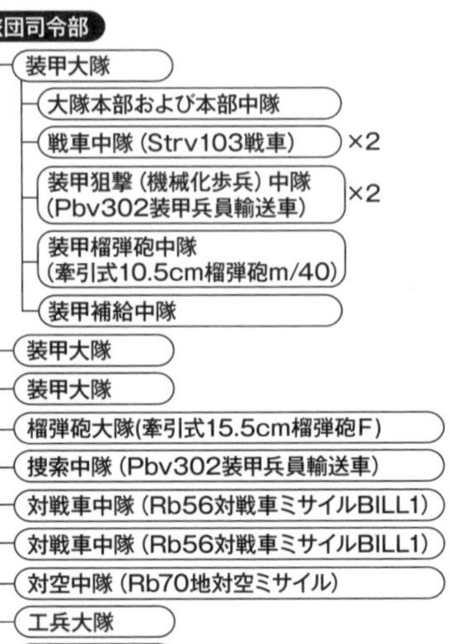

ノルランド旅団NB85の編制（1989年）

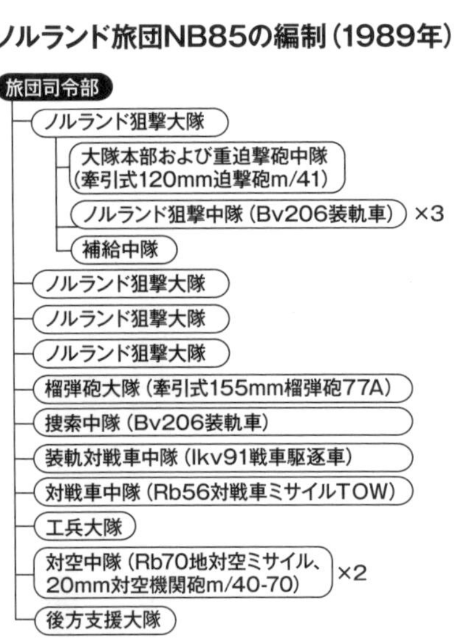

歩兵旅団IB66Mの編制（1989年）

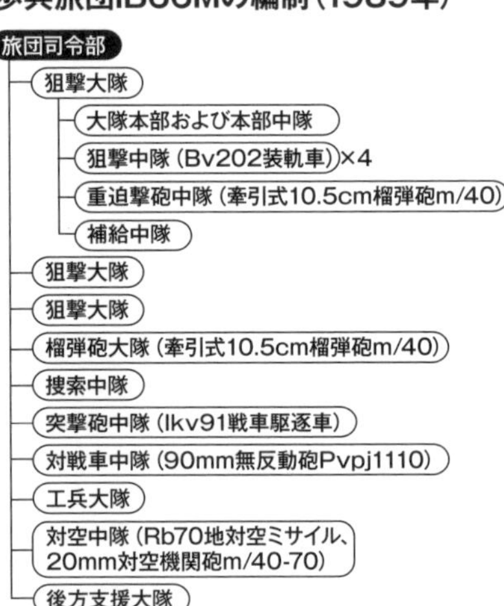

まとめ

■イタリアの戦後戦車

（M4中戦車、M26中戦車）
↓
（M47中戦車）
↓
M60主力戦車（ライセンス生産）
↓
レオパルト1（ライセンス生産）
↓
OF-40（輸出用）
↓ ↓
C1アリエテ | B1チェンタウロ（装輪装甲車）

■1980年代末のイタリア軍

- 有事の際には、イタリア北部の3個軍団がNATO軍の南ヨーロッパ連合陸軍（LANDSOUTH）の指揮下に入る。
- 東側と接するイタリア北東部の第5軍団には重装備の装甲旅団や機械化旅団、南チロル方面の第4アルピニ軍団には山地戦用のアルピニ旅団、それらの後方にあたるイタリア北西部の第3軍団には予備兵力的な機械化旅団を、それぞれ中心として配備。

■スウェーデンの戦後戦車

↓
Strv74（Strv m/42の改修）
↓
Strv103（Sタンク）
↓
Strv122（大部分をスウェーデンで最終組み立て。レオパルト2S）
↓

（Strv81（センチュリオンMk.3およびMk.5））
↓
（Strv101（センチュリオンMk.10））
↓
（Strv102（Strv81の改修））
↓
（Strv104（Strv102の改修））

↓
Ikv91（戦車駆逐車）
↓
（Ikvというカテゴリーが消滅）

（Strv121（レオパルト2A4））

■1980年代末のスウェーデン軍

- スウェーデンの国土を計6個の軍管区に区分。戦時には最大で7個師団、装甲旅団5個、機械化旅団1個、歩兵旅団18個、ノルランド旅団5個の計29個旅団を動員。
- このうち師団は、各軍管区内の旅団2～4個程度と師団直轄部隊などを指揮する。南部以外の各軍管区には、極北での作戦に適したノルランド旅団や、遅滞行動などを主任務とする歩兵旅団を中心に配備。
- 南部軍管区では第13師団の隷下に3個装甲旅団を集中して機動的な予備兵力として運用。

日直 エリカ カロリナ

第五講
イスラエルの戦車
今回の萌え戦は、常在戦場なイスラエル軍の戦車と戦術ね。
ゲストを紹介するわ！
ひょこっ…
イスラエルは建国以来ずっと周りの国や武装組織と戦ってる国民皆兵国家で…
人口が少ないから女性も徴兵されるのよね
トルコ
キプロス
シリア
ダマスカス
エルサレム
エジプト
カイロ
イスラエル
キラ
キラ
シャーローム！（こんちは！）
イスラエルから来たアロナ・シャロンでーす！
キラ…
あ！…
中東の混乱の元凶の国の人たち
日本やスウェーデンと違って、今度はすごく実戦経験豊富な軍隊だぁ…
元軍人のモデルや女優も多いの！
実戦はしないのが一番いいですけどね…

1948年5月14日 イスラエル ハイファ

で、イスラエル戦車隊黎明期の伝説といえば…このエピソード！

第二次大戦後、内戦状態になったパレスチナから、

本国に退去すべくハイファ港に集結していたイギリス軍。

そのシャーマンの戦車兵に

ヘイガイズ♡

ユダヤ人の美女3人が近づいてきてナンパ！

近くのレストランで食事中

どんちゃん

HAHAHA

サッ

やだも～♡

どんちゃん

睡眠薬を一服盛られて戦車兵たち熟睡！

ゴオオ‥
その後、アラブ諸国のソ連製戦車をやっつけるため…
シャーマンに105㎜ライフル砲を積んだM51とかを開発したの！
シャーマンに戦後第2世代戦車の主砲積んだの？
重そう…
さらに、センチュリオンの主砲やエンジンを換えるなど大改造したショット・カルも作ったのですね
ショットは鞭って意味です
センチュリオンのミーティア・エンジンは、砂漠だと故障が多くて不評だったのね…

魔改造!!

それから、アメリカ製のM48／M60パットンに増加装甲をつけまくった

マガフも!

マガフ7A

もはや原型を留めていない!

T-54を元にしたティラン4

こんな風に、イスラエル軍は英仏米ソの戦車が入り乱れた魔改造戦車王国だったのよ

ソ連製のT-54／55やT-62をエジプトやシリアから鹵獲して再利用したティランもあるのかー

なんだか昔のフィンランド軍っぽいね

鹵獲は日常…!

とんでもねえ国と同じ時代にうまれちまったもんだぜ

ド!
メルカヴァMk.I
そして1970年代に
イスラエルはついに戦車を独自開発したよ!
79年にメルカヴァMk.I、83年に改良型のMk.IIが部隊に配備されたの!
めるカバ?
メルカヴァは「神の戦車（チャリオット）」と言う意味デス…
エンジンブロック
エンジンが車体の前に配置されていて、装甲も兼ねているのが一番の特徴ね
主砲は西側第2世代戦車標準の105㎜ライフル砲よ
ただ、重量に比してエンジン出力が低くて、足は遅かったの
エンジンを盾にして砲弾から乗員を保護するのは、スウェーデンのSタンクに似ています
人的資源が少ないから、防御力や生存性をもっとも重視しているんですね
メルカヴァ好きなら、アニメ映画「戦場でワルツを」は必見デス!
ま、いいところなしですケド…
WALTZ WITH BASHIR

メルカヴァシリーズは、
ポンッ
砲塔に迫撃砲を装備してたり、
車体の後ろにハッチがあったり、
中東の戦場に特化した特徴がたくさんあるの
砲塔が細くてシュッとした楔形でカッコイイね
砲塔の前面投影面積をできるだけ小さくして、
装甲に大きな傾斜をつけて避弾経始を良くしているのよ
発展型のメルカヴァMk.Ⅲは、
60mm迫撃砲
7.62mm機関銃
12.7mm機関銃
排煙器
サーマルスリーブ
120mm滑腔砲
サイドスカート
主砲は120㎜砲に換装、エンジン出力も強化して、
交換しやすいモジュラー式装甲を装備した戦後第3世代戦車ね
ロックオン！
Mk.Ⅲバズからは、
90式戦車みたいな目標の自動追尾機能が加わったんですって

ドドド
メルカヴァMk.ⅣM
7.62mm機関銃
ペリスコープ
砲塔乗員用ハッチ
砲手用照準装置
12.7mm機関銃
120mm滑腔砲
チェーンカーテン
起動輪
①車長用パノラマサイト
②レーザー警戒センサー
③発煙弾発射機
④操縦手用潜望鏡
⑤トロフィーAPSレーダー
⑥トロフィーAPS迎撃弾発射装置
⑦トラベリング・ロック
そして最新の戦後第3・5世代戦車が、
このメルカヴァMk.Ⅳだよ！
ズズズズ
Mk.Ⅳはエンジンを強力なユーロ・パワーパックに換えて、
C4Iシステムも搭載してるんデスね
ただ、レオパルト2やエイブラムズ、90式戦車みたいな
強靭な複合装甲は装備してないみたい
市街戦と言えば…
対戦車戦だけでなく、市街戦で全方位から攻撃を受けることに備えて…
各部にモジュラー式装甲を装着してるのね…
イスラエルが誇る市街戦用のすごいAFVがあるよ！

でででーん！

ナグマホン
歩兵戦闘車！
ショットを元にした
APCのナグマショットを、
さらに強化したよ！

こんなごついけど、
武装は7・62㎜
機関銃2～4挺と
控えめなんだ！

そりゃ
市街地のゲリラ
蹴散らすには
ちょうどいい
AFVかもね…

えげつない
兵器だこれ…

現場でも
「モンスター」とか
「ドッグハウス
(犬小屋)」とか
呼ばれてるらしい
デスな…

しょぼ～ん

…修羅場を
乗り越えてると
感性も独特に
なるのかしら…

…ああ、
センチュリオン…
こんな化け物に
悪魔合体で
されて…

グー○ルの
予測検索で
「ナグマホン　きもい」
って出るAFV、
なかなかないぞ…

えー、魔物が檻の
中に閉じ込め
られてるみたいで
キモかわいいのに～

第五講　イスラエルの戦車

ということで今回は、イスラエルの戦車と戦術を解説するわね。

最初は、M4シャーマンとかクロムウェルとかオチキスH35とか中古戦車をかき集めて、戦車隊を作ってみた！

H35なんてポンコツ、まだ動いたのね…

それから、フランスから76㎜砲搭載の中古シャーマンや、AMX-13を買ったよ。

さすがは死の商人フランス、めっちゃ兵器輸出してるね～

おそロシ屋が言うなデス。

で、シャーマンにAMX-13の主砲をのっけたM50や、主砲を105㎜砲に換装したM51も作っちゃった！

…シャーマン、悪魔合体の素体みたいになってない？

それからイギリス製のセンチュリオンを輸入して「ショット」と命名したのね。

センチュリオンはスウェーデン軍も装備していましたね。

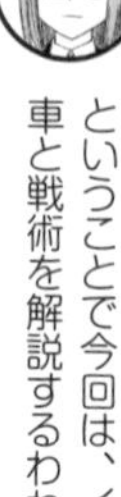
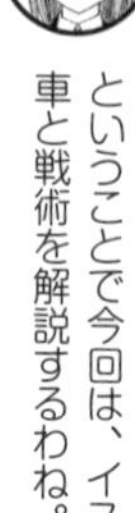

あと、アメリカ製のM48やM60を輸入して改造しちゃって、「マガフ」と名前を付けたの。

ゴテゴテの増加装甲がすごいことになってる…

「マガフ」だけに禍々(まがまが)しいね…

それから第三次／第四次中東戦争で鹵獲した、アラブ側のT-54／55、T-62を改造して、「ティラン」として装備したのよ。

あちゃー、ソ連製の戦車が巡り巡ってイスラエルに…

「くっ…鹵獲するなら殺せ！」状態デスなぁ（ニチャァ）

使えるものは何でも使う、主婦感覚なもったいない精神を感じるわね～。

そしてイスラエルは70年代にはじめて戦車を国産開発したの。みんな大好きメルカヴァちゃんだよ～！

いちばんの特徴はエンジンが車体前部にあって、乗員を砲弾から守っていることです。スウェーデンのSタンクと同じですね。

迫撃砲を装備してるってのも面白いわね～。

Mk.IとIIの主砲はおなじみの105㎜ライフル砲なのね。

Mk.IIIからは120㎜滑腔砲を搭載して、モジュラー式複合装甲を導入。ほとんど新設計の戦車になったよ！

Mk.IVはさらに装甲が強化されて、市街戦にも向いた戦車になったのね。

それにしても、カエルがベターっと潰れたような砲塔ですね…

うーん、このMk.IVの砲塔って…なんか怪獣に似てない？　…ほら、お金が大好きな…

そうそう、Mk.IVはお金が儲かる戦車になるようにカネゴンをモデルに作ったって、民明書房の「威須羅慧琉(イスラエル)戦車史」に載ってたデス！

やっぱりそうなんだー！

マジで～？　私も初めて知ったー！　わかりみ～！

こら～！　適当なこと言って子どもを騙すな～！　アロナも一緒に騙されるな～！

中古戦車の時代

１９４８年５月14日、イスラエルは独立を宣言し、第一次中東戦争（イスラエル側呼称は独立戦争、アラブ側呼称はパレスチナ戦争。以下同じ）が勃発。同月26日には、イスラエル国防軍が公式に創設された。

イスラエル軍の初期の戦車部隊には、フランス製のオチキスH35軽戦車（※1）やイギリス製の巡航戦車Mk.Ⅷクロムウェル、アメリカ製のＭ４シャーマン中戦車など、さまざまな手段で入手された中古戦車が配備された（※2）。

イスラエルのラトルン戦車博物館に展示されているオチキスH35軽戦車。長砲身37mm砲を搭載したいわゆるH39だ（Ph/Bukvoed）

イスラエル軍の初期のシャーマンは、本来の75㎜砲や１０５㎜榴弾砲の搭載車に加えて、主砲を使用不能にしてありスクラップとして入手された車両を改造して、第一次世界大戦前にドイツのクルップ社で開発された75㎜野砲を搭載した車両もあった。

しかし、これらの中古車両は故障が多く、とくに行軍時に脱落する車両が少なくなかったと伝えられている。

M50の開発

その後、アラブ側の各国軍に、第二次世界大戦中にソ連で開発された85㎜砲搭載のＴ・34・85中戦車の配備が進むと、イスラエル軍は、これに対抗可能な対戦車火力を持つ戦車を求めるようになった。

そして１９５６年７月には、高初速の76㎜砲Ｍ１を搭載したシャーマンの中古車両がフランスから輸入され、イスラエル軍ではＭ１の名称が与えられた（いわゆるスーパー・シャーマンとして知られている）。また、フランス製で高初速の75㎜砲ＣＮ75・50を搭載する新型の軽戦車ＡＭＸ・13も輸入された（※3）。

加えて、既存のシャーマンの砲塔を改造して75㎜砲ＣＮ75・50が搭載された。この改造は１９５６年３月

※1＝長砲身37mm砲搭載のいわゆるH39を含む。
※2＝第二次世界大戦で使われた戦車については『萌えよ！戦車学校Ⅱ型』を参照。
※3＝第二次世界大戦後の英仏独の戦車については『萌えよ！戦車学校 戦後編Ⅱ型』を参照。

から始められ、改造車両にはM50の名称が与えられた。M50の総生産数はおよそ300両といわれている。

1956年10月に第二次中東戦争（シナイ作戦、スエズ戦争）が始まった時、イスラエル軍の戦車部隊は、M1を含むシャーマンとAMX・13が主力であり、M50はまだ少数だった。

なお、M50を含むシャーマンは、懸架装置を旧型のVVSS（※4）から新型のHVSS（※5）に換装して幅の広い履帯を導入したり、ガソリン・エンジンを燃費のよいディーゼル・エンジンに換装したり、といった改修が加えられていった。

M51の開発

第二次中東戦争後の1950年代末から、アラブ側の一部の国に第二次世界大戦中にソ連で開発された122㎜砲を搭載するJS・3重戦車が配備されるようになった。次いで1960年代初めから、第二次世界大戦後にソ連で開発された100㎜砲搭載のT・54／55中戦車の配備が進んでいった（※6）。

対するイスラエル軍は、1960年代末にM50の発展型の研究に着手したが、シャーマンをベースとする限り十分な対戦車火力と装甲の両立は不可能と判断し、火力の強化を優先することになった。

当時は、JS・3やT・54／55を遠距離から撃破するには成形

※4＝Vertical Volute Spring Suspensionの略。垂直弦巻バネ式懸架装置の意。
※5＝Horizontal Volute Spring Suspensionの略。水平弦巻バネ式懸架装置の意。
※6＝第二次世界大戦後の米ソ両国の戦車については『萌えよ！戦車学校 戦後編Ⅰ型』を参照。

炸薬弾（HEAT）が効果的と考えられており、フランス製で同国軍のAMX・30主力戦車にも搭載されている105㎜砲CN105F1が採用候補にあがった。

このCN105F1は、G弾と呼ばれる特殊なHEATを使用する。ライフル砲で通常のHEATを撃つと砲弾のスピン（旋転）によってHEATのメタルジェットの軸線がブレて装甲の貫通力が低下するのに対して、このG弾では弾殻の内側にベアリングを入れてさらに内側の炸薬が回転しないように工夫されていたのだ（※7）。

そしてイスラエル軍のシャーマンは、このCN105F1をベースに、砲身の後座量を抑えるために砲身を短くするなど改良を加えた105㎜砲CN105・57（D1504 L／44）を搭載することになった。これによって初速はやや低下したが、化学エネ

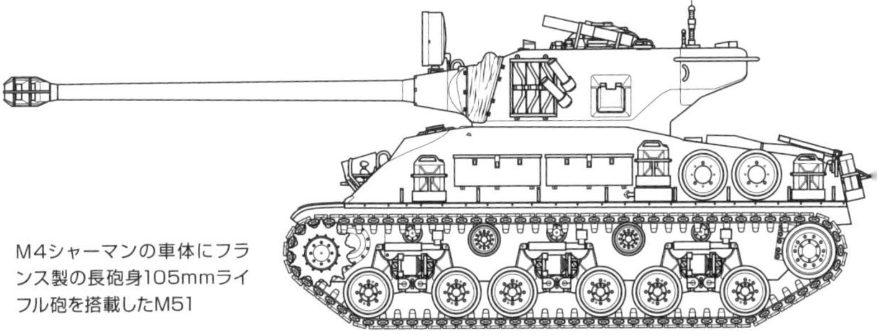

M4シャーマンの車体にフランス製の長砲身105mmライフル砲を搭載したM51

※7＝AMX-30とG弾については『萌えよ！戦車学校 戦後編Ⅱ型』を参照。

ルギー弾であるHEATは、徹甲弾などの運動エネルギー弾とちがって命中時の存速に関係なく一定の装甲貫徹力を発揮できる。

この105㎜砲搭載のシャーマンには、M51の名称が与えられた。標準的な仕様では、懸架装置はHVSS、エンジンはディーゼルだが、初期の改修車にはガソリン・エンジンの搭載車もあった。M51の総生産数は200両余りと見られている。

ショットとマガフの導入と改修

このM51の開発に先立って、1959年4月からイギリス製で20ポンド砲(※8)搭載の巡航戦車センチュリオンが輸入され、次いで新型の105㎜戦車砲L7搭載のセンチュリオンも輸入された。輸入元は、開発国であるイギリスだけでなく、センチュリオンを装備していたオランダや南アフリカなども含まれており、その総数は1080両といわれている。

しかし、20ポンド砲は遠距離での命中精度が低く、のちに105㎜戦車砲L7に換装されることになる。また、ディーゼル・エンジンとクロス・ドライブ式の変速操向装置への換装や爆発反応装甲（ERA）の装着などの改修を施した車両も生産されることになる。

イスラエル軍では、センチュリオン系列の戦車には「ショッ

ショット・ミーティア

輸入したセンチュリオンをショットと命名したイスラエル軍は、命中精度の悪い20ポンド砲を105㎜ライフル砲に換装したのね…

「ショット」は「ムチ」って意味よ

加えて、ミーティア・エンジンは元々燃費が悪くて寿命が短く、砂の多い砂漠では故障が続出、さらにブレーキの効きも悪くて…

戦車兵からはシャーマンの方がいいと言われるなど散々でした

注：カロリナ

何だこの戦車

セシル5「ミーティア」ということでガ○ダムSEEDネタデスか…

※8＝ 口径84mm。より厳密には83.4mmとされているが、83.8mmとしている資料もある。

ト」（ヘブライ語で鞭などの意で、古文書の古代の戦車を牽く馬を叩く鞭に由来する）の愛称が与えられた。オリジナルのロールスロイス社製のミーティア・エンジンの搭載車を「ショット・ミーティア」、テレダイン・コンチネンタル社製のディーゼル・エンジンとアリソン社製の変速操向装置（いわゆるクロス・ドライブ・トランスミッション）の搭載車を「ショット・カル」と呼んで区別することもある（カルはコンチネンタル：Continentalとアリソン：Allisonの接頭語）。

また、1960年代初めにはアメリカ製で90㎜砲搭載のM48中戦車が西ドイツ（ドイツ連邦共和国）からおよそ40両が輸入され、1965年以降はアメリカから500両以上が供与された。イスラエル軍では、自国での改修車を含むM48系列と、のちにアメリカから供与されるM60系列に「マガフ」（ヘブライ語で打撃などの意だが、古代の軍船の衝角に由来する）の愛称が与えられた。そしてマガフでも、90㎜戦車砲の105㎜戦車砲への換装、ガソリン・エンジンからディーゼル・エンジンへの換装などの改修が行なわれることになる。

1967年6月に始まった第三次中東戦

ショット・カル

全備重量	53.8トン　全長（砲含む）　9.85m
全幅	3.39m　全高　3.01m
エンジン	コンチネンタルAVDS-1790-2AC V型12気筒空冷ディーゼル
エンジン出力	750hp
最高速度	43km/h（路上）
航続距離	500km
武装	51口径105mmライフル砲×1、12.7mm機関銃×1、7.62mm機関銃×2
最大装甲厚	152mm　乗員 4名

ショット・カル

イスラエル軍は、ショットのミーティア・エンジンに見切りをつけて大手術

M48系統のディーゼル・エンジンと同じAVDS-1790-2Aに換装し、ブレーキやギアボックスも換装したのね

カルはエンジンメーカーの『コンチネンタル』の略だよ

ショット・ミーティアと比べると、エンジンルームのルーバーの形が大きく変わってるのね。

争（六日戦争、六月戦争）時のイスラエル軍は、マガフ（M48）200両、ショット（センチュリオン）250両、シャーマン400両、それにAMX・13を150両保有していたと伝えられている。この第三次中東戦争では、ガソリン・エンジン搭載のショット・ミーティアは航続距離が短い上に炎上しやすいと問題視され、ディーゼル・エンジン搭載のショット・カルの登場につながったという。

第三次中東戦争後、アラブ側にはソ連で開発された115㎜砲搭載のT・62中戦車も配備される

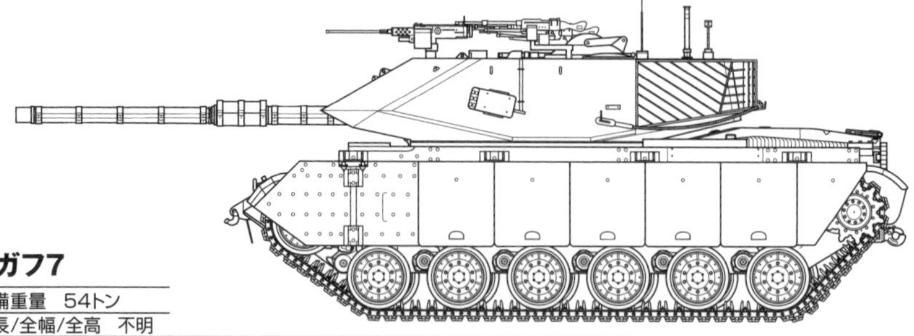

マガフ7

全備重量	54トン
全長/全幅/全高	不明
エンジン	コンチネンタルAVDS-1790-5A V型12気筒空冷ディーゼル
エンジン出力	908hp　最高速度/航続距離　不明
武装	51口径105mmライフル砲×1、12.7mm機関銃×1、7.62mm機関銃×3
装甲	不明　乗員　4名

マガフその1

マガフシリーズは、イスラエル軍がM48とM60を魔改造した戦車なんだね。

『マガフ』は古代軍船の衝角っていう意味ね

これはマガフ3にブレイザーERA（爆発反応装甲）を装備したマガフ5だよ。

元になったマガフ3はM48に105㎜砲を積んだM48A5とほぼ同じタイプだね

マガフは7型まであって、マガフ6はサブタイプが9種類、マガフ7もサブタイプが3種類あるのね。

ようになった。そして1973年10月に始まった第四次中東戦争(ヨム・キプール戦争、十月戦争)では、緒戦でイスラエル軍の戦車部隊が大損害を出し、アメリカから105㎜戦車砲L7のアメリカ版である105㎜戦車砲M68搭載のM60主力戦車が供与された。このM60にも、マガフ系列としてディーゼル・エンジンの搭載やERAの装着などの改修が加えられていくことになる。

さらにイスラエルは、第三次中東戦争や第四次中東戦争などで鹵獲したアラブ側のT-54/55やT-62に改造を加えて、「ティラン」(ティラン海峡にちなんだもの)の名称を与えて配備した。

メルカヴァの開発と発展

1970年代初め、イスラエル軍は、次期主力戦車の検討を本格的に開始し、国産戦車の開発を決定。当初はセンチュリオンやM48をベースにしたテスト・リグ(試験用車台)を製作し、1974年には最初の試作車が完成した。1976年から量産が開始され、メルカヴァ(ヘブライ語で馬に牽かれる古代の戦車の意。英語ではMerkavaと表記される)と名付けられた。

メルカヴァの基本的なレイアウトは、車体前部に機関室、中央部に戦闘室、後部に弾薬コンテナなどを収容するスペースがあ

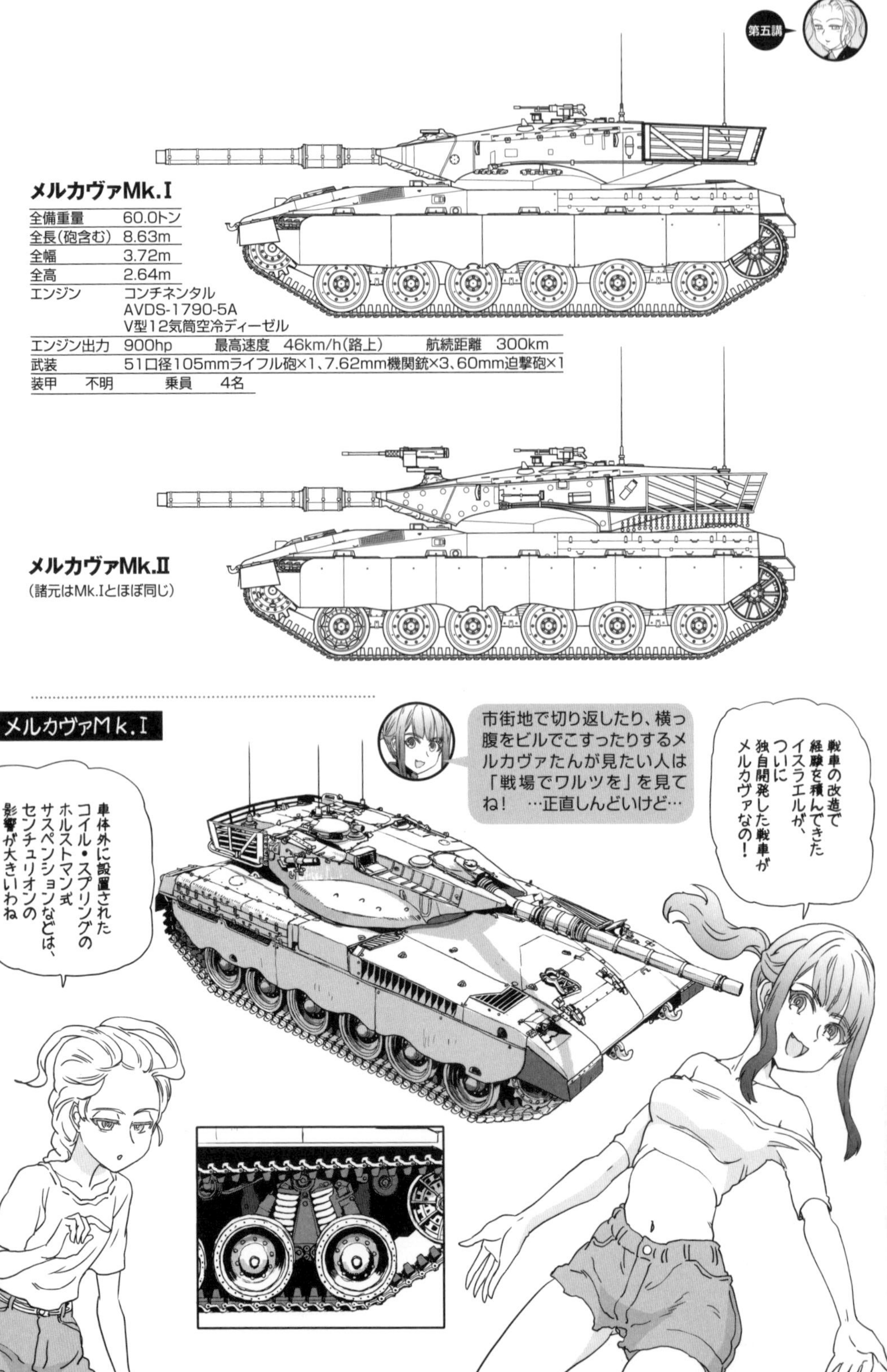

第五講
メルカヴァMk.I
全備重量 60.0トン
全長(砲含む) 8.63m
全幅 3.72m
全高 2.64m
エンジン コンチネンタル AVDS-1790-5A V型12気筒空冷ディーゼル
エンジン出力 900hp 最高速度 46km/h(路上) 航続距離 300km
武装 51口径105mmライフル砲×1、7.62mm機関銃×3、60mm迫撃砲×1
装甲 不明 乗員 4名
メルカヴァMk.II
(諸元はMk.Iとほぼ同じ)
メルカヴァMk.I
戦車の改造で経験を積んできたイスラエルが、ついに独自開発した戦車がメルカヴァなの！
市街地で切り返したり、横っ腹をビルでこすったりするメルカヴァたんが見たい人は「戦場でワルツを」を見てね！ …正直しんどいけど…
車体外に設置されたコイル・スプリングのホルストマン式サスペンションなどは、センチュリオンの影響が大きいわね

メルカヴァMk.Ⅱ
メルカヴァMk.Ⅰを元に装甲を強化し、射撃統制装置も改良したのがMk.Ⅱ。
この車両はさらに砲塔側面装甲やサイドスカートを強化したMk.ⅡDよ
Mk.Ⅰで砲塔外に装備されていた60mm迫撃砲は砲塔内に移したよ
あと、一部の改修型は主砲から対戦車ミサイルLAHATも発射できるの
60mm迫撃砲
主砲の105mmライフル砲M68は、イギリスの105mmライフル砲L7のアメリカ仕様よ。

メルカヴァMk.Ⅲの登場
メルカヴァMk.Ⅲは120mm滑腔砲を搭載してモジュラー式装甲を装備、エンジンもパワーアップして、ほぼ新設計の戦車になったの
砲塔後ろの、玉すだれの『のれん』っぽいのは、対HEAT用の『チェーンカーテン』って言うんだね（笑）
主砲はA4までのレオパルト2やM1A1/A2、90式戦車のラインメタル44口径120mm滑腔砲とほぼ同じ性能なのね。
メルカヴァMk.Ⅲの特徴
●懸架装置
モジュラー式装甲は被弾損傷した時や、新しい装甲が開発された時に交換しやすいメリットがあるのデス。
これは砲塔上面に増加装甲を載せている改良型のMk.ⅢBですナ
●メルカヴァMk.Ⅲのモジュラー式装甲
懸架装置は、下部転輪1個につき一つの外付けコイル・スプリングで緩衝するタイプですね
このサスペンションは、トーションバー式に比べると機動性には欠けるけど、上下のトラベル量が大きくて、大きな岩が多い中東の戦場には適してるの。

る。車長、砲手、装填手は砲塔内に位置し、操縦手席は戦闘室が機関室の左側に食い込むようなかたちで確保されたスペースに位置する。乗員の生残性を重視して、機関室を前方に置き、スペースド・アーマー（空間装甲）が広く採用されている。車体後部の弾薬コンテナを下ろせば歩兵数名を収容できるが、一般的な運用ではない。

最初のメルカヴァMk.Ⅰは、105㎜戦車砲M68を搭載している。1982年のレバノン進攻作戦に参加し、ソ連で開発されてシリア軍に配備されていたT-72主力戦車を撃破した。

次のMk.Ⅱは、レバノンでの戦訓などを踏まえて、砲塔に増加装甲を装着し、Mk.Ⅰでは砲塔外部の右側面に装備されていた対歩兵用の60㎜迫撃砲が砲塔前部左側に内蔵されるなどの改良が加えられたもので、1983年から部隊配備が始められた。

その次のMk.Ⅲは、車体や砲塔が新設計となるなど、大幅な改良が加えられて1989年から配備が始められた。主砲は国産の44口径120㎜滑腔砲が搭載され、各部にモジュラー式装甲が導入されて、エンジン出力がそれまでの900hpから1200hpになるなど、火力、防御力、機動力のすべてが大きく向上している。メルカヴァでは

各種の改修型や改良型が存在しているが、Mk.Ⅲの改良型であるMk.Ⅲバズは目標の自動追尾機能などを備えた新型のＦＣＳ（※9）（射撃統制装置）を搭載しており、その改良型のＦＣＳが次のMk.Ⅳにも搭載されることになる。

最新のMk.Ⅳでは、砲塔部を中心に新型のモジュラー式装甲が採用されて防御力がさらに強化された。エンジンは、ドイツのＭＴＵ社が開発したＭＴＵ８８３をアメリカのＧＤ社でライセンス生産したＧＤ８８３となり、出力が１５００hpに向上した（※10）。メルカヴァの主砲弾薬の装填は手動で行なわれるが、Mk.Ⅳでは主砲の後方には主砲弾10発を収容する半自動式のドラム弾倉が装備されて装填手の労力を軽減するようになっている。このMk.Ⅳは２００２年から配備が始められ、２００６年のレバノン進攻作戦に参加した。

なお、対戦車ミサイルなどをミサイルで自動迎撃するアクティブ防御システム「トロフィー」を搭載した車両は、Mk.ⅣＭと呼ばれている。

※9＝Fire Control System

※10＝このMTU883は、イギリスのチャレンジャー2やフランスのルクレールの輸出型であるトロピック・ルクレールなどにも 搭載されている。

メルカヴァMk.Ⅲ

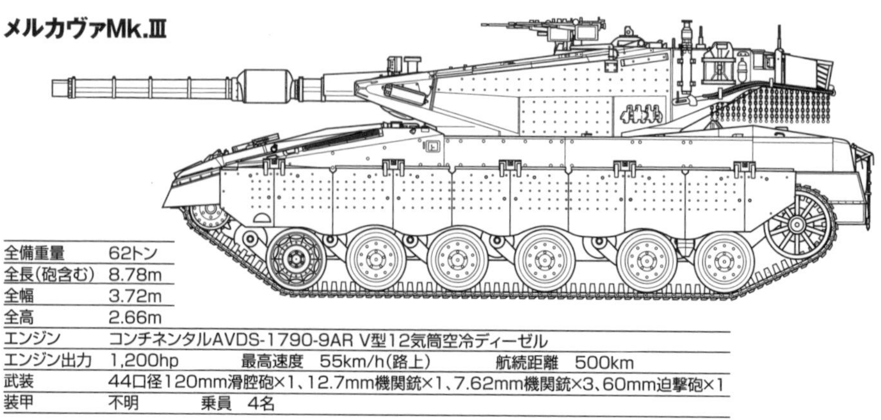

全備重量	62トン
全長(砲含む)	8.78m
全幅	3.72m
全高	2.66m
エンジン	コンチネンタルAVDS-1790-9AR V型12気筒空冷ディーゼル
エンジン出力	1,200hp　　最高速度　55km/h(路上)　　航続距離　500km
武装	44口径120mm滑腔砲×1、12.7mm機関銃×1、7.62mm機関銃×3、60mm迫撃砲×1
装甲	不明　　乗員　4名

メルカヴァMk.Ⅳ

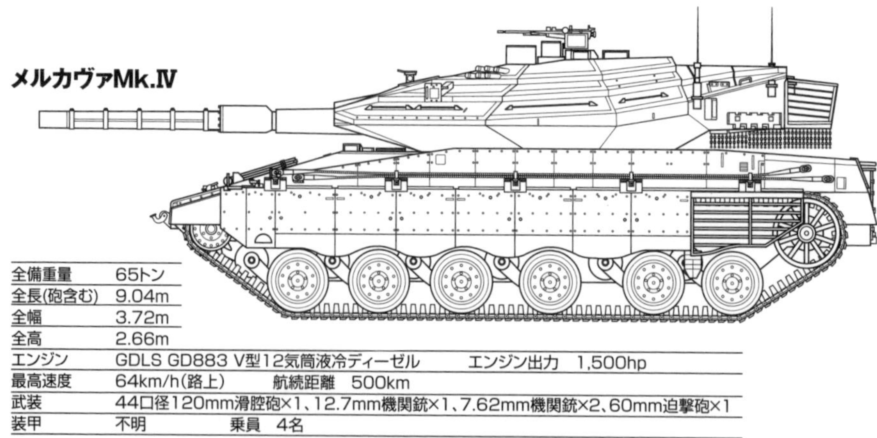

全備重量	65トン
全長(砲含む)	9.04m
全幅	3.72m
全高	2.66m
エンジン	GDLS GD883 V型12気筒液冷ディーゼル　　エンジン出力　1,500hp
最高速度	64km/h(路上)　　航続距離　500km
武装	44口径120mm滑腔砲×1、12.7mm機関銃×1、7.62mm機関銃×2、60mm迫撃砲×1
装甲	不明　　乗員　4名

メルカヴァMk.Ⅳの特徴

●半自動式ドラム弾倉を搭載

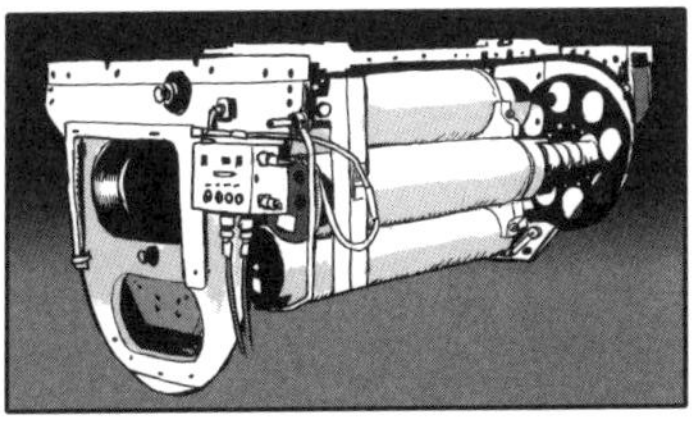

●C4Iシステムを搭載

エルビット社の
戦場管理システム
(BMS)を搭載して、
GPSの地図上に
自車や味方部隊、
敵の位置と情報を
表示できるわ

半自動式
装填装置があれば
20kg以上もある
120mm砲弾の装填が
少し楽になるね!

メルカヴァMk.ⅣMのトロフィーAPS

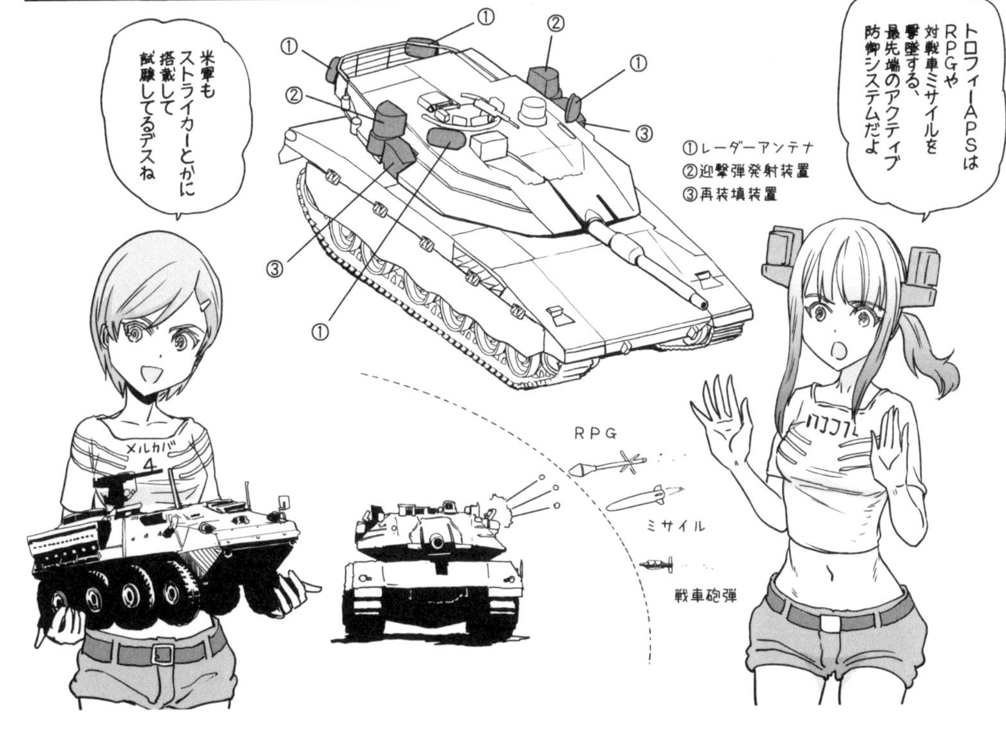

トロフィーAPSは
RPGや
対戦車ミサイルを
撃墜する、
最先端のアクティブ
防御システムだよ

米軍も
ストライカーとかに
搭載して
試験してるデスね

①レーダーアンテナ
②迎撃弾発射装置
③再装填装置

メルカバ
4

RPG

ミサイル

戦車砲弾

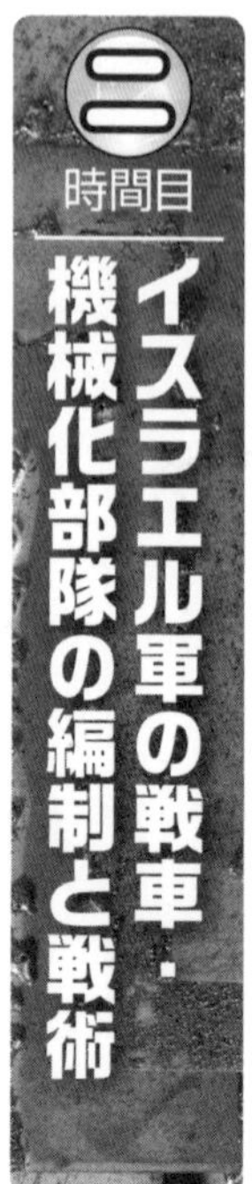

第一次中東戦争時の機甲部隊

イスラエル軍で最初に編成された機甲部隊が第8旅団だ（この他に第7旅団の第73大隊（のちに第79大隊に改称）にアメリカ製のM3ハーフトラックやジープなどが配備されて機械化編制となった）。

1948年3月末に第8旅団の新編が決まった際は歩兵連隊3個を基幹とする編制の歩兵旅団だったが、同年5月にはアラブ軍の侵攻に対する機動的な予備兵力として同軍初の機甲旅団となることが決まった。当初の計画では戦車大隊や機械化歩兵大隊を含む4個大隊を基幹とする編制だったが、実際には戦車大隊と機械化コマンド大隊の2個大隊基幹となり、のちに迫撃砲中隊などを含む支援大隊（第88大隊）が追加された。

このうちの戦車大隊（第82大隊）は、当時のイスラエル軍で唯一の戦車大隊であり、さまざまな手段で入手された中古戦車が配備された。当初配備された戦車は、フランス製の軽戦車オチキスH35が10両、イギリス製の巡航戦車Mk.Ⅷクロムウェル2両、のちにアメリカ製のM4シャーマン中戦車2両で、歩兵支援用の軽戦車が数の上での主力だった。一方、機械化コマンド大隊（第81大隊。のちに第89大隊に改称）は、ハーフトラックなどを装備する機械化歩兵中隊2個、ジープ乗車の自動車化歩兵中隊2個、支援中隊からなり、機械化部隊による襲撃を主任務としていた。

第8旅団の編制（1948年）

- 旅団司令部
  - 戦車大隊
    - 戦車中隊（オチキスH35）
    - 戦車隊（クロムウェル、M4シャーマン）
  - 機械化コマンド大隊
    - 機械化歩兵中隊（M3ハーフトラック）×2
    - 自動車化歩兵中隊（ジープ）×2
    - 支援中隊
  - その他の諸隊

この第8旅団は、旅団としてまとまって運用されるよりも、大隊以下に分割されて運用されることが多く、隷下の戦車大隊（第82大隊）は他の旅団などの歩兵部隊の支援を担当することが多かった。

しかし、その戦車大隊の中古戦車は、行軍時などに故障が多かったことに加えて、歩兵部隊と戦車部隊の協同どころか、戦車そのものの運用も未熟だった。そのため、例えば1948年10月15日に始まった「ヨアブ」作戦でのイラクマンシェルへの攻撃時には、アラブ軍が設定した対戦車火網（キル・ゾーン）の中に不用意に前進して、オチキスH35を4両喪失し、のこりのH35すべてとクロムウェル1両が損傷する、という大損害を

出している。

その一方で、同旅団の機械化コマンド大隊（第81大隊。大隊長はのちに参謀総長となるモシェ・ダヤン）は、1948年7月10日に始まった「ダニー」作戦で、スピードを活かしてロッドの市街地に突入すると四方八方に乱射しつつ往復してアラブ軍の守備隊をパニック状態に追い込み、同地を占領する原動力となるなど、高い機動力を活かして戦果を上げている。

この第8旅団は、第一次中東戦争後の1949年4月に廃止（予備歩兵旅団として再編）されて、第82（戦車）大隊は第12（ネゲブ）旅団に編入された。次いで、その第12旅団が1949年半ばに廃止（同じく予備歩兵旅団として再編）されると、第82大隊は第7（ゴラニ）旅団に編入されて同旅団がイスラエル軍唯一の現役の機甲旅団となった。

第二次中東戦争時の機甲部隊

1956年に勃発した第二次中東戦争にイスラエル軍が投入した機甲部隊のうち、現役の機甲旅団は第7旅団のみ、戦時に動員される予備機甲（機械化）旅団は第27旅団と第37旅団の計2個旅団だった。

各旅団の編制は、資料によって予備役部隊や一時的な配属部隊を含めるかどうかなどでバラつきが大きいが、第7旅団は戦車大隊2個と機械化歩兵大隊1個を基幹としており、これに戦時に動員される予備自動車化歩兵大隊（第61大隊）が編入されたようだ。

　同旅団の戦車大隊2個のうち、1個大隊（第82大隊）にはM4シャーマン（76㎜砲搭載のM1を含む）が、もう1個の大隊（第79大隊）にはAMX・13が、それぞれ配備されていた。また、機械化歩兵大隊（第52大隊）は、旧式のM3ハーフトラックなどに乗車していた。

第7旅団の編制（1956年）

- 旅団司令部
  - 戦車大隊
    - 戦車中隊（M4シャーマン）×2
    - 戦車中隊（M1スーパー・シャーマン）
  - 軽戦車大隊
    - 軽戦車中隊（AMX-13）×3
  - 機械化歩兵大隊
    - 機械化歩兵中隊（M3ハーフトラック）×3
  - 予備自動車化歩兵大隊（トラック等）
  - 機械化偵察中隊（M3ハーフトラック、ジープ）
  - 自動車化野砲兵大隊（25ポンド砲）
  - その他の諸隊

　第37旅団は、基本的には第7旅団と同じ編制で、戦時に完全編制となる戦車大隊2個とハーフトラック乗車の機械化歩兵大隊1個を基幹としており、これに予備自動車化歩兵大隊1個が編入されたようだ。同旅団の戦車大隊2個のうち、1個大隊（第377大隊）にはM4シャーマン（高初速75㎜砲搭載のM50を含む）が、もう1個の大隊（第266大隊）にはAMX・13が、それぞれ配備されていた。

　一方、第27旅団は、機甲大隊2個と自動車化歩兵大隊1個を基幹としていたようだ（これは臨時編成の可能性もあるが）。このうち機甲大隊は、戦車中隊とハーフトラック乗車の機械化歩兵中隊各1個を基幹とする混成部隊で、一方の機甲大隊の戦車中隊にはM4シャーマンが、もう一方の大隊の戦車中隊にはAMX・13が配備されていたようだ。

　当時のイスラエル軍では、戦時に臨時にハーフトラック等に乗車させた空挺（実質はエリート軽歩兵）部隊や、当初からハーフトラックに乗る機械化歩兵部隊による迅速な機動戦を重視し、戦車部隊は中隊以下の小単位に分割して歩兵支援に投入する、といった考え方を持つダヤン参謀総長らと、戦車部隊の集中投入による機甲戦を重視する機甲総監のハイム・ラスコフ（のちにダヤンの後任の参謀総長となる）らが対立しており、ダヴィド・ベン＝グリオン首相の前でも論争を広げるほどだった。

　そして第二次中東戦争のシナイ作戦では、唯一の機甲旅団である第7旅団は、当初は戦線後方に予備兵力として控置され、歩兵部隊の攻撃に次いで投入されることになっていた。

　しかし、その第7機甲旅団は、エジプト軍が守る要衝ウム・カテフの攻撃時に、一部で正面攻撃を支援しつつ、主力を偵察部隊が発見した峠道から敵の後方に回り込ませるなど、機動力を活かした戦いを展開した。

ダヤン将軍は第二次大戦で英連邦軍に加わって戦ってた時、ヴィシー・フランス軍の狙撃を受けて失明したのよ。

そして、これが大きなキッカケとなって、イスラエル軍内で機甲部隊が機動戦の手段として再評価されることになり、空挺部隊を超える優先順位が与えられて整備が進められていく。

ただし、予算の制約もあって、同じ機甲部隊の中でも、戦車部隊には新型戦車の導入が進められていく一方で、機械化歩兵部隊は第二次大戦型の旧式のハーフトラックに乗り続けることになった。しかし、オープン・トップ（上部開放式）のハーフトラックは、敵の榴弾砲による頭上からの攻撃に弱く、老朽化によって維持整備の手間や故障が増えていった。

第三次中東戦争時の機甲部隊

1967年に起きた第三次中東戦争では、イスラエル軍に全部で4個あった師団（ウグダ）のうち、ヨッフェ（第31）師団、シャロン（第38）師団、タル（第84）師団の計3個師団がシナイ半島方面に投入され、残るペレド（第36）師団は北部のゴラン高原方面に配備された。

イスラエル軍の初期の師団は、基本的に戦時に一時的に編成されるものであり、その編成内容は師団によ

って大きく異なっていた。一例を挙げると、半島北部に投入されたイスラエル・タル准将率いる第84師団、いわゆる「タル師団」は、機甲旅団2個を主力としており、強力な打撃力を誇っていた。

機甲旅団を主力とする師団の基本的な戦術は、機甲旅団隷下の戦車大隊2個を先頭に敵戦線を突破し、その後方を同じく機甲旅団隷下でハーフトラックに乗る機械化歩兵大隊が続行。さらに後方を同じ師団に編入された機械化歩兵旅団や、トラックなどに乗る予備自動車化歩兵大隊が続行する、といったものだった。

そしてシナイ半島に投入された各師団は、イスラエル空軍の航空優勢と近接航空支援の下で快進撃を見せて、シナイ半島の

第84（タル）師団の編成（1967年）

第三次中東戦争でイスラエル機甲部隊大活躍！

第三次中東戦争ではタル将軍率いる機甲師団が大活躍！

歩兵と協同せず、戦車だけで敵を撃破する オール・タンク・ドクトリン（タル・ドクトリン）が大成功したの

もう全部戦車だけでいいんじゃないかな

要部を短期間で制圧。とくに北部で戦ったタル師団は、機械化歩兵旅団として運用された空挺旅団が大損害を出す一方で、機甲旅団は機動力を活かして大きな活躍を見せた。旧式のハーフトラックに乗車する機械化歩兵は、とくに敵の砲撃下では、新型戦車や機関系や足回りを改修した戦車の機動に付いていくことがむずかしかったのだ。

当時のイスラエル軍では、砂漠のような見通しの良い開けた地形では、敵の短射程の対戦車火器の攻撃から味方の戦車部隊を掩護する機械化歩兵部隊の重要性は低い、という考え方が強く、第三次中東戦争での戦訓もそれを裏付けるものと考えられた。

そのため、その後のイスラエル軍では、限られた予算の中で機械化歩兵部隊よりも戦車部隊の整備に重点が置かれた。そして近接航空支援のもとで機甲部隊は単独でも突破力を発揮可能とし、機械化歩兵部隊の追随も不要と見る、いわゆる「オール・タンク・ドクトリン」が力を持つことになる。

第四次中東戦争時の機甲部隊

1973年10月、アラブ軍側の奇襲で始まった第四次中東戦争では、少数の現役師団に加えて、開戦後に多数の予備師団が急遽動員された。それらの師団には多数の予備旅団などが編入され、例によって各師団の編成は師団ごとにバラバラだった。

第四次中東戦争でイスラエル機甲部隊大敗…

でも第四次中東戦争では、エジプト軍歩兵が使う対戦車ミサイル9M14やRPGに、イスラエル軍の戦車が多数撃破されて、オール・タンク・ドクトリンは敗れたんだよ

誘導装置

9M11

師団の編制例（1973年）

- 師団司令部
  - 機甲旅団 ×4
  - 機械化歩兵旅団
  - 砲兵旅団
  - 機甲偵察大隊
  - 支援旅団
  - その他の諸隊

また、とくに緒戦では、師団にまとめられていない旅団が単独で戦闘している。

機甲旅団や機械化歩兵旅団の編制を見ると、第三次中東戦争時には（各旅団の所属部隊を含む）すべての戦車大隊にハーフトラック車台の81㎜自走迫撃砲を含む支援中隊が所属していたが、その後は81㎜自走迫撃砲が配備されなくなっていた。つまり、戦車大隊は、純粋な戦車部隊になっていたのだ。

そして第四次中東戦争では、迫撃砲などの支援火力を欠いた戦車大隊は、アラブ軍の9M14対戦車ミサイル（火器システム全体の名称は9K11。NATOコードネームはAT・3サガー）やRPG・7対戦車擲弾発射器などの対戦車火器によって大損害を出すことになった。戦車部隊が単独でも突破可能とする「オール・タンク・ドクトリン」は、歩兵が携行可能で小さな砂丘の陰にも隠れられる長射程の対戦車ミサイルの登場など、対戦車火器の発達によって粉砕されたのだ。

その後のイスラエル軍の機甲部隊

第四次中東戦争の後、イスラエル軍は砲兵部隊を大幅に増強するとともに、戦車と歩兵や砲兵などの諸兵種の協同を重視するようになった。

また、対戦車ミサイルやRPGの成形炸薬弾頭対策として、既存の戦車に爆発反応装甲が増加装甲として装着が進められ、ほぼ全周にスペースド・アーマーを備えた新型のメルカヴァ戦車の配備が進められていくことになる。

加えて、機械化歩兵部隊には、第四次中東戦争の直前に導入が始められていたアメリカ製のM113装甲兵員輸送車の配備が進められていくことになる。

1990年頃のイスラエル軍機甲部隊の編制（一部推定）

機甲師団の編制

- 師団司令部
  - 機甲旅団 ×3
  - 機械化歩兵旅団
  - 砲兵旅団
  - 機甲偵察大隊
  - 工兵大隊
  - 支援群
  - その他の諸隊

機甲旅団の編制

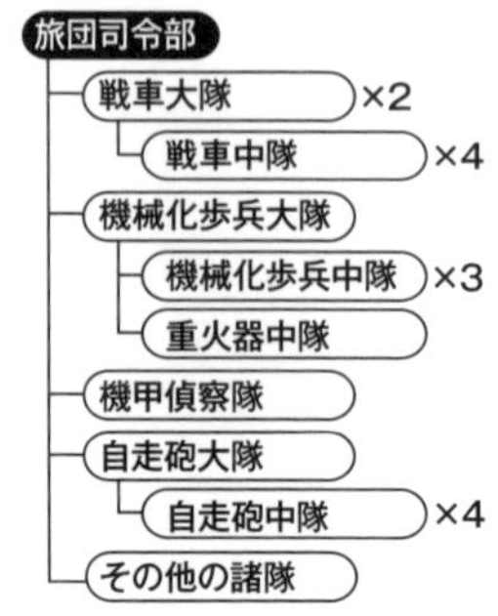

機械化歩兵旅団の編制

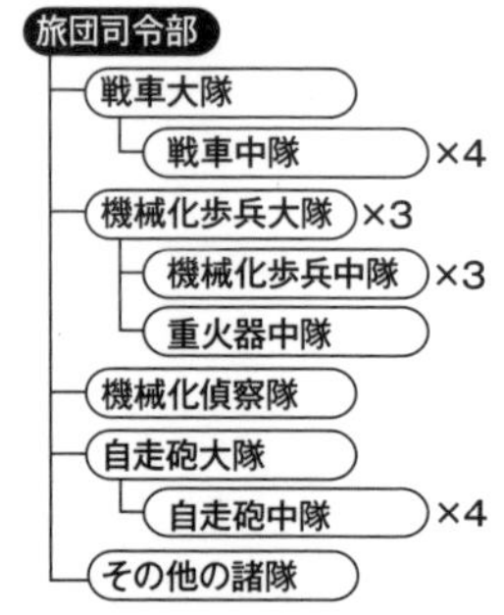

まとめ

■イスラエルの戦車

オチキスH35、巡航戦車Mk.Ⅷクロムウェル、M4シャーマン中戦車

↓

M1（スーパー・シャーマン）、AMX-13、M50

↓

M51、ショット（センチュリオン）、マガフ（M48、M60）、ティラン（T-54/55、T-62）

↓

メルカヴァMk.Ⅰ

↓

メルカヴァMk.Ⅱ

↓

メルカヴァMk.Ⅲ

↓

メルカヴァMk.Ⅳ

イスラエル機甲部隊の戦術

■第一次中東戦争時

- 当時のイスラエル軍の中古戦車は故障が多く、戦車部隊の運用も未熟。
- その一方で、ジープに乗ったコマンド部隊などが高い機動力を活かして戦果をあげた。

■第二次中東戦争時

- 機械化歩兵による機動戦を重視する派閥と、戦車の集中投入による機甲戦を重視する派閥が対立。
- その中で機甲部隊である第7旅団が機動力を活かした戦いを展開。これが大きなキッカケとなって機甲部隊の整備が進展することになった。

■第三次中東戦争時

- 空軍の近接航空支援の下、機械化歩兵旅団として運用された空挺旅団が大損害を出す中で、各機甲旅団が機動力を活かして活躍。
- 機甲部隊は単独でも突破可能とし、機械化歩兵さえ不要と見る「オール・タンク・ドクトリン」が力を持つ。

■第四次中東戦争時

- 支援火力を欠いた戦車部隊は、携帯式の対戦車ミサイルや対戦車擲弾発射器などによって大損害を出し、戦車部隊を援護する歩兵部隊の役割が見直されることになる。

■その後のイスラエル軍の機甲部隊

- 砲兵部隊を大幅に増強するとともに、機械化歩兵部隊向けの装甲兵員輸送車の整備にも力が入れられるようになった。
- また、戦車、歩兵、砲兵など諸兵種の協同を重視するようになった。

日直
アロナ
ジュニファー

でも値段が高いし、新型戦車であるメルカヴァの配備を優先したの。なので、旧式のセンチュリオンをAPCに改造したのよね。

ナグマショットAPC

それがナグマショットね。

でも後部乗降口がないので、車体上面から乗り降りしなくちゃいけないデス。

弾が飛び交ってる中で上から乗り降りするの、危ないねー。

そこで、鹵獲したT-54/55をベースにして、後部に乗降口を持つアチザリットを作ったの。

アチザリットAPC（Ph/gkirok）

センチュリオンをベースにしたプーマ戦闘工兵車とか、ナグマショットの防御力を強化したナグマホンやナグパドンも作ってるわね。こっちはパトロールとか暴徒鎮圧とかに使ってるみたいだけど。

どれも外国製の中古戦車を改造した車だね。

イスラエルは物持ちがいいのよね〜。

でも、2008年から新型のメルカヴァをベースにしたAPCのナメルも配備してるの！

そうはいっても、まだM113も使い続けていたよね。

さすがに古くなってきたので、8輪式APCのエイタンを開発したの。30t級で、アメリカ軍のストライカーより重防御だよ（ニヤリ）。

エイたん…ゆるキャラテイストですナ！

では、今日はここまで。みんな、アロナちゃんと仲良くしてあげてね！

★Column★ イスラエル軍のAPC

イスラエル軍は戦車を改造したAPC（装甲兵員輸送車、Armoured Personnel Carrierの略）も使ってるんだね。

むかしはアメリカ製のM3ハーフトラックを使っていて、第四次中東戦争の直前にアメリカ製のM113APCを導入したんだけど……

M113は、とくに1982年のレバノン進攻では防御力の低さが問題になったんだよ。

M113はアルミ装甲でRPGに弱いんだよねぇ。

R・P・G！（ガクブル）

（なにかトラウマがあるのかしら…）イスラエルは独自に増加装甲を付けたりもしたんだけどね。

で、イスラエルは、配備が始まって間もないメルカヴァのAPC版を試作したの。

イスラエル軍のAPC

ナメル

メルカヴァMk.Ⅳを元にしたAPCね。重量はなんと戦車並みの60トン！

ナメルはヘブライ語でAPCの頭字語の『ナグマッシュ』と『メルカヴァ』をつなげた略語で、ヘブライ語の『豹』って言葉と同じよ

8輪式APCのエイタンも30トンクラスで重装甲なのねぇ。イスラエルらしいわ（苦笑）

エイタン

ナグマショットも『ナグマッシュ』と『ショット』の略語なのね。

イスラエル軍は略語が好きですねー。

第六講 中国・韓国の戦車

戦後戦車編も大詰め！今回は日本のお隣中国と韓国の戦車ね
中国人民解放軍から来た**彭さん**と、韓国陸軍の**ペクちゃん**よ
大型新人
きたーっ♡
バシャッ！

彭甜（ポン ティエン）
ニーハオ。今後の世界の兵器や軍事は、人民解放軍抜きでは語れません
欧米じゃ新規開発がほぼ無くなったけど、東アジアではまだ戦車開発が盛んなのね

アニョハセヨ～！我が大韓民国陸軍も日本や中国に負けない戦車を作ってるの！
ペク・ジアン

中国の場合

ネトラレ…
NTR…
功臣号
第二次国共内戦開戦当初、人民解放軍は日本軍が置いていった日本戦車や、国民党軍から鹵獲(ろかく)したアメリカのM3軽戦車などを使っていたのよ
その後、ソ連がT-34-85とかを譲ってあげて…
お姉様…！

1950年代後半からはソ連から技術供与を受け、T-54Aのライセンス生産を開始しました
これが中国初の本格的自国生産戦車、**59式戦車**です
ちなみに、中国語では「戦車」は「坦克(タンク)」ですよ
でも、1953年にスターリンが死去し、
1956年にソ連でスターリン批判が起きると、以降、中ソは険悪な関係に！
スターリンヤバイ奴
フルシチョフ

で、中国が59式戦車をベースに69式戦車を開発していた最中の1969年には…
中ソ国境紛争・ダマンスキー島事件（珍宝島事件）が勃発…！
ち、珍宝島…珍しい名前よね…
珍宝島
中国では「ジエンパオ島」と読みますが…
ぐぬぬ
69式戦車
中国軍は、この紛争で鹵獲したソ連の新鋭戦車T-62の115㎜滑腔砲を参考にして
100㎜滑腔砲を開発。これを69式戦車の試作車に載せたのか…
でも滑腔砲の精度が低く、100㎜滑腔砲搭載の69式は試作のみで打ち切り
59式と同じ100㎜ライフル砲を搭載した69・Ⅰ式や69・Ⅱ式が開発されました
69式をベースにL7系の105㎜ライフル砲を搭載した79式も作られたんですって
けっきょく69式と79式はあくまで59式の改良版だったんだね～

80式戦車
そして
文化大革命が
終わった
70年代末からは
西側の技術を
盛り込んだ全くの新型の
80式戦車が開発され、
80式の改良型の
88式戦車が中国軍に
配備されました
主砲はイギリスの
L7を元にした
105㎜ライフル砲、
FCSも80式は
イギリスの
マルコーニ社
88式は
イスラエルが
協力して…
エンジンも
ドイツが技術供与
した、スーパー
チャージャー付き
ディーゼルよ
59式戦車
80式戦車
従来との大きな
外見的違いは
転輪の数かな
お椀型の砲塔は
従来の中国戦車と
似てますが、
FCSなどの中身は
別物なのですね
59/69/79式戦車は
大径の転輪が5つ
だったけど、
80/88式は転輪が
6つになってるのね

で、

90年代末にはロシアのT-72をベースに、**98式／99式戦車**を開発したのデスか！

125㎜滑腔砲、自動装填装置、複合装甲、高度なFCS、アクティブ防護システムを搭載した

第3世代戦車ね

そして現在の最新鋭戦車が**99A式戦車**

フランス製の変速機を内蔵した90-Ⅱ式の車体に、爆発反応装甲を追加装備した99式の砲塔を搭載、

C4I機能も備えた戦後第3・5世代戦車です

そして、これが韓国独自の戦車K1よ！

山がちな韓国の地形に合わせてサイズは小さめ、主砲は105㎜ライフル砲だけど、

複合装甲も内蔵、懸架装置は油気圧式とトーションバー式のハイブリッドで前後傾斜もできるの！

姿勢制御で「お辞儀」ができるんだね～！
日本の戦車とコンセプトが似てるんだ
その後はM1A1と同じく、44口径120㎜滑腔砲に換装したK1A1も作ったのね

そして、韓国最新の第3・5世代戦車が、**K2戦車「黒豹」**なのね

長砲身55口径120㎜滑腔砲と自動装填装置、複合装甲と爆発反応装甲、油気圧式懸架装置を搭載してるの！

トップアタック用の主砲発射式誘導砲弾や、アクティブ防護システムも開発中よ！

面がまえがごつくて強そう！これならM1A2とかレオパルト2、99式戦車や10式戦車とも互角以上？

それが…

スペック的には最強なんだけど、実は…国産エンジンの開発が難航して、トラブル多発や性能不足でグダグダだったの…

韓国みたいな自動車大国でも、1500馬力レベルの戦車用ディーゼルエンジンを新規開発するのは大変なんだね…

ウチ（イスラエル）のメルカヴァMk.Ⅳは、MT883のライセンス生産品を積んでるよ

でも、韓国戦車はまだまだやるよ！
レールガン（電磁加速砲）、無人砲塔、電磁装甲、光学迷彩、次世代複合装甲を搭載した
K3戦車も構想中なの！
秋山教官
お姉さま！
セシル
レ、レールガン戦車！
ま、具体的なことは何も決まってなくて、こんなの出来たらいいな〜レベルみたいだけど…（笑）
あら、右下のデザインならとても可愛い戦車になりそうですね〜♥

第六講 中国・韓国の戦車

戦後戦車編の大トリは、中国と韓国の戦車だね！

今は新兵器続々開発でブイブイ言わせてる中国軍（人民解放軍）も、第二次大戦終戦直後は、日本陸軍や国民党軍のお古の戦車を使ってたのよ。

人民解放軍が初めて運用したといわれる戦車、九七式中戦車改「功臣号」は有名です。

で、そろそろ戦車を自国生産したい！と思った中国軍は、師匠に当たるソ連のT-54を59式戦車としてライセンス生産…

このころの中国はソ連の妹分で可愛かったのに…

その後ソ連とケンカ別れした中国は、59式戦車を元に69式戦車を開発、さらにこねくり回して発展型の79式戦車を開発したのよ。

59式をしゃぶりつくしてる…

センチュリオンとかM48／M60を改造しまくりのイスラエルにも通じるものがあるね！

次は西側の協力も受けながら、本格的な新型戦車の80式戦車を独自開発、その改良版の88式も開発しました。

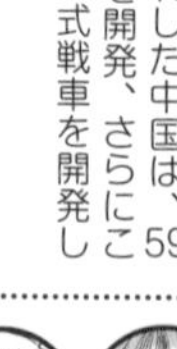

Yo! Yo! You、戦車を独自開発しチャイナYo! デス!

そして、20世紀末にはロシアのT-72をベースに98式戦車／99式戦車を作ったのね。

125㎜滑腔砲、自動装填装置、複合装甲、高度な射撃統制装置などを備えた戦後第3世代戦車です。

しかし、99式系列はお高いから、88式をベースに輸出用の85-ⅡM戦車の技術を組み合わせた、リーズナブルな96式戦車も開発したと。

それにしても中国、戦車たくさん種類作りすぎ！

主力戦車系列だけでもこれだから、軽戦車とかを合わせるともっとあるわよ。

うぇ〜〜！

そして次は、可愛くてカッコイイ韓国の戦車よ！

韓国は70年代後半、経済力が上がると国産戦車を開発しようってことになって…

いきなり独自開発は難しいから、アメリカのクライスラーに開発を頼んだのね。

それで出来上がったのがK1戦車！

立ち技最強っぽい戦車デス！

（無視して）主砲は105㎜砲でちょっと小柄だけど、韓国の地形に合った戦車なのね。

でも北朝鮮がT-72を配備するかも？って不安になって、120㎜滑腔砲にとっかえたK1A1も作ったの！

…日本の90式戦車とかアメリカのエイブラムズの120㎜砲が羨ましかったとかじゃなくて？

（ギクッ）…そ、そして今売り出し中なのが独自開発のK2戦車。長砲身120㎜砲を搭載した、世界トップレベルの第3.5世代戦車なの！

スペックはともかく、国産エンジンが調子悪いらしいですが…？

えーと…第1バッチはドイツ製のエンジンを載せたし…第2バッチから搭載する国産エンジンも……たぶんケンチャナヨ（大丈夫）だよ〜

楽観的というか前向きというか…

すごく…不安です…

本講では、中国（中華人民共和国成立以前の共産党軍を含む）と韓国の戦車を取り上げてみたい。

まずは中国からだ。ただし、中国の戦車は、他の主要国の戦車に比べると、そもそも資料が少ない上に資料ごとに内容が異なることも少なくない。その中から筆者の判断でもっとも正しいと思われるものを記し（一部は異説も付記し）たが、他の主要国の戦車に比べると正確性が低くならざるを得ないことをご了承いただきたい。

第一世代戦車の開発

第二次世界大戦後の1946年、国民党陣営と共産党陣営による国共内戦（より正確には第二次国共内戦）が本格化した。当時の共産党軍（1947年に人民解放軍となる）の戦車部隊は、日本製の九七式中戦車や九五式軽戦車などを装備していた。これらの戦車は、日本軍が残したものを接収したり、ソ連軍が押収したものを供与されたりしたものだ。また、国民党軍がアメリカから供与されていたM3軽戦車なども鹵獲して装備している。

59式戦車

ソ連のT-54Aのライセンス生産版だけど、改良型のT-54Bの技術は教えてあげなかったよ（ニヤリ）

イギリス製のL7105㎜砲のライセンス生産版を搭載した59-Ⅱ式戦車もあったのね

59式戦車

重量　36トン	全長(砲含む)　9m
全幅　3.27m	全高　2.4m
エンジン　12151L V型12気筒液冷ディーゼル	
エンジン出力　520hp	最高速度　50km/h（路上）
航続距離　440km	
武装　100mmライフル砲×1、12.7mm機関銃×1、7.62mm機関銃×1	
最大装甲厚　200mm	乗員　4名

その後、1949年には中華人民共和国(以下、中国と記す)の成立が宣言され、1950年に中国とソ連との間で「中ソ友好同盟相互援助条約」が結ばれた。そして同年に朝鮮戦争が勃発。中国にはソ連製の戦車や自走砲が供与され、人民解放軍の戦車部隊ではソ連製のT・34・85中戦車が主力となった。

その朝鮮戦争は1953年に休戦となったが、1956年にはソ連から中国にT・54A中戦車のライセンス生産権と工場建設のための借款が与えられ、技術者も派遣された。翌1957年には内蒙古自治区の包頭(バオトウ)に建設された第617工場でソ連製のT・54Aの構成部品を組み立てるノックダウン生産が始められ、1961年までに戦車砲などを含めてほとんどの構成部品が中国国内での生産に切り替えられた。

これが59式戦車(中国語で「工廠産品代号」すなわち工場製品コードWZ・120)だ。正式な名称は、中国語で「1959年式中型坦克(タンク)」だが「59式坦克」と略記されるので、ここではその日本語訳として「59式戦車」と記す(以下、他の戦車も同じ)。

59式戦車は、1980年代初めまでに改良型を含めて計1万両以上が生産されて、パキスタンやイラク、北朝鮮などに輸出もされた。

また、ほぼ同じ時期にソ連で開発された水陸両用のPT・76浮航戦車を模倣した60式水陸両用戦車の生産も始められた。た

1965年から人民解放軍には人民戦争論の復興で公式の階級がなく、任命制での指揮員と兵士で構成されていましたが、中越戦争の大苦戦などもあって、1988年に階級制が復活しました

62式軽戦車

実質的に中国初のオリジナル国産戦車です。山岳地帯や樹木の密生地でも行動できる、ミニ59式戦車ですね

装甲は最大でも50mmくらいと薄く、ベトナム軍相手の中越戦争では大苦戦したんだって…

62式軽戦車の各部装甲厚(mm)

20 25 32 33 34 36 38 35 21 40 48 50 16 16 25 12.6 25

だし、59式戦車の生産が優先されたため、こちらは大量生産されずに終わっている。

このように中国では、ソ連の後押しによってソ連戦車の国産化から戦闘装甲車両の生産基盤の整備が進められていったのだ。

ところが、1956年2月のソ連のニキータ・フルシチョフ書記長によるスターリン批判以降、中ソ間でイデオロギー論争が生じて関係が悪化。ソ連から派遣されていた技術者は帰国し、技術支援は途絶した。そして1969年には、中ソ国境地帯でついに軍事衝突が発生する。

これに先立って中国は、チベット地方の山地や南部国境付近の樹木の密生地など道路インフラが不十分な地域でも運用できるように、59式戦車をスケールダウンして戦闘重量21・5tと軽量小型で85㎜砲搭載の62式軽戦車（WZ・131）を開発。1963年から1978年まで哈爾浜の第674工場で約1560両（約1200両という異説あり）が生産された。

また、前述の60式水陸両用戦車の車台を拡大して62式軽戦車と同じ85㎜砲

63式水陸両用戦車

重量	18.5トン	全長(砲含む)	8.44m
全幅	3.2m	全高	2.52m
エンジン	60式直列6気筒液冷ディーゼル		
エンジン出力	240hp		
最高速度	50km/h（路上）、9km/h（水上）		
航続距離	300km		
武装	85mmライフル砲×1、12.7mm機関銃×1、7.62mm機関銃×1		
最大装甲厚	14mm	乗員	4名

63式水陸両用戦車

を搭載した63式水陸両用戦車（WZ・211）を開発。1963年から重慶の第256工場で量産されて、北ヴェトナムや北朝鮮、パキスタンなどに輸出もされた。

これら中国の第一世代戦車（中国の第一世代という意味で、一般に言われている「戦後第1世代戦車」という区分とはやや異なる。第二世代以降も同じ）は、1979年に中国がヴェトナム北部に進攻した中越戦争で実戦に投入されることになる。

中国の第一世代戦車の改良型や発展型の開発

1970年代末頃までの中国製の中戦車は、ソ連からの技術支援の途絶や、1966年に始まった文化大革命による工業技術の停滞などの影響もあって、59式戦車の改良型や発展型の開発が続いた。

しかし、1970年代末頃から「改革開放」路線が採られて西側諸国との関係が大きく改善し、西側の進歩した軍事技術を盛り込んだ改良型や発展型が開発されるようになった。

例えば59・Ⅰ式戦車は、59式戦車にレーザー測遠機を搭載するなどの小改良を加えたものだが、59・Ⅱ式戦車は、イギリスで開発された105㎜戦車砲L7のライセンス生産版である79式105㎜戦車砲を搭載するなどの大きな改良を施したものだ。

59・ⅡA式戦車は、同じくL7系で砲身の外側に金属製のサーマル・スリーブ（被筒）が付いた81A式105㎜戦車砲を搭載。59・Ⅲ式戦車（1992年の命名規則の変更で59C式戦車に改称）は、58口径という長砲身の83A式105㎜戦車砲を搭載しており、爆発反応装甲（ERA）を装着可能だ。59DⅠ式戦車は81A式105㎜戦車砲を、59D式戦車は新型の94式（83A式とする資料もある）105㎜戦車砲を、それぞれ搭載し、いずれもERAを装着するなどの改良を加えたものだ。59P式戦車は、59D式戦車の輸出向けの改良型だ。

付け加えると、パキスタンは、この59式戦車をベースに、後述する85・ⅡAP式戦車の主砲やエンジン、69・ⅡMP式戦車の部品などを流用して近代化改修を施したアル＝ザラール戦

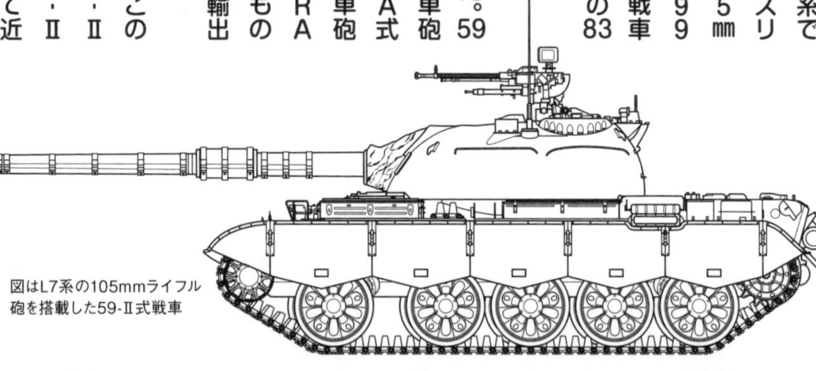

図はL7系の105mmライフル砲を搭載した59-Ⅱ式戦車

車を開発することになる。

話を中国の戦車に戻すと、69式戦車（WZ・121）は、59式戦車をベースとする発展型で、1966年に最初の試作車が完成した。その後、1969年3月に中ソ国境地帯で中国軍がソ連軍と衝突した珍宝島（ダマンスキー島）事件で、対戦車地雷によって撃破された115㎜滑腔砲搭載のT・62を鹵獲。これを参考にした改良も加えられて、最終的には1974年に採用が決まった。主砲には中国初の国産滑腔砲である69式100㎜戦車砲が採用され、エンジンはパワーアップした新型となった。

ところが、この滑腔砲は期待された性能を発揮できず、1984年には従来の59式戦車と同じライフル砲の59式100㎜戦車砲を搭載した69・Ⅰ式戦車が開発された。69・Ⅱ式戦車は、簡易な射撃統制装置（FCS）を搭載するなどの改良を加えたものだ。これの輸出用の改良型である69・ⅡA式戦車は、イラクやパキスタンなど59式戦車のユーザー国を中心に多数が輸出された。さらにサーマル・スリーブ付の83式105㎜戦車砲を搭載した69・ⅡM式戦車が開発され、そのパキスタン仕様の69・ⅡMP式戦車は同国でノックダウン生産が行われた。

これら69式戦車系列は第617工場で量産され、総生産数は3500両以上とされている。

79式戦車（WZ・121D）は、69式戦車をベースに、L7系で

サーマル・スリーブ付の83・Ⅰ式105㎜戦車砲を搭載するなどの改良を加えたものだ。当初は69・Ⅲ式戦車と呼ばれていたが、1986年に79式戦車に改称されて、第617工場でおよそ500両が生産された。

中国の第二世代戦車の開発

実は、中国では1960年代中頃に国際的な孤立の中で、前述の69式戦車の開発と並行して、これを上回る性能を持つ新世代戦車の開発を決定していた。そして国産の120㎜滑腔砲を搭載する122型戦車（WZ・122）などの開発に取り組んだが、文化大革命による混乱の影響もあって技術的な課題を解決できず、量産には至らなかった。

だが、文化大革命終息後の1978年、中国は改めて第二世代戦車の開発を決定。122型戦車をベースに各種の試作戦車が製作されて、のちの80式戦車へと発展していく。具体的には、1980年に国家研究開発計画に組み入れられ、1981年には新型戦車の設計案が確定し、80式戦車と命名された。そして、各種の構成部品の開発と試作車の製作や試験を経て、1987年に開発を完了。1988年に正式に採用が決まって、内蒙古第1機械製造工場（かつての第617工場）で量産された。総生産数はハッキリしないが、あまり多くはないようだ。

なお、この間の1980年には、中国各地にあった人民解放軍の兵器工場が統合されて企業化され、中国北方工業公司すなわちノリンコ（Norinco）が設立されており、第617工場もその傘下に入っている。

80式戦車（WZ・122。122型戦車と同じコードを引き継いでいる）は、一見すると79式戦車までの中国の中戦車とよく似ている。しかし、当初から各部に西側の技術が盛り込まれており、その点で中国戦車としては画期的といえる。車体長

80式戦車

重量　38トン	全長(砲含む)　9.33m	全幅　3.37m
全高(砲塔上面まで)　2.3m		
エンジン　12150ZL V型12気筒 液冷ディーゼル		
エンジン出力　730hp		
最高速度　60km/h(路上)		
航続距離　430km		
武装　105mmライフル砲×1、12.7mm機関銃×1、7.62mm機関銃×1		
最大装甲厚　250mm(砲塔)		
乗員　4名		

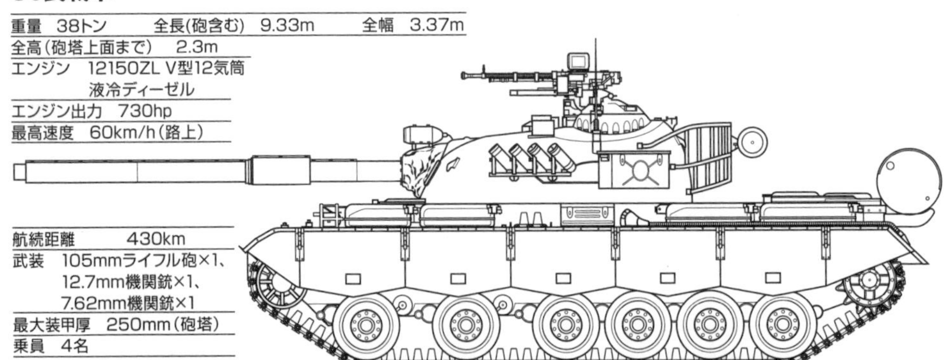

や車体幅は79式戦車よりも大きく、主砲はL7系の81・I式105㎜戦車砲を搭載している。足回りは従来よりも小径の下部転輪と上部転輪を備えたものに一新され、エンジンも大幅にパワーアップした新型となり、機動力が大きく向上している。

そして80式戦車を開発中の1986年には、より高度なFCSを搭載するなどの改良を加えた性能向上型の設計案が確定。1987年に最初の試作車が完成し、1988年に正式に採用が決まった。これが88式戦車(WZ・122A)だ。中国で量産された戦車としては初めて複合装甲が採用され、車体前面に装着されている。

中国軍には、より高性能の88式戦車が配備されることになり、80式戦車は輸出用とされた。そして、88式戦車と同じ射撃統制装置を搭載した80・I式戦車や、砲塔部にスラット装甲を備えるなどの改良を施した80・II式戦車が開発されたものの、いずれも受注を得られずに終わっている。

一方、88式戦車は、レーザー測遠機や環境センサーなどを組み込んだ先進的なFCSを搭載する改良型の88B式戦車が開発されて、これが主要な生産型となった。また、88B式戦車に長砲身の83A式105㎜戦車砲を搭

88式戦車

80式と88式の
外見的な違いは、
砲塔側面の
発煙弾発射機が、
80式は水平に4基
付いているけど、
88式は2基＋2基の
2セットになっている
ところね

88式に
イスラエル製の
新型FCSを搭載した
88B式戦車が
主要生産型になったの!

88式戦車は、レーザー照射を受けたら自動的に発煙弾を発射して煙幕を張るシステムを導入してるんだって。これも西側の技術供与みたい。

載した火力強化型の88A式戦車も開発されたが、こちらは少数生産にとどまっている。生産は内蒙古第1機械製造工場で行われたが、総生産数は諸説あってハッキリしない。ただ、軍備の充実よりも経済成長が優先された時期だったこともあり、生産数はそれほど多くないようだ。

輸出用戦車の発展

85式戦車は、1980年代中頃に内蒙古第1機械製造工場で開発が始められた輸出用の戦車だ。最初の試作車は、80・Ⅱ式戦車の車体に、83式105㎜戦車砲を装備した溶接構造の新型砲塔を搭載していた。次いで、輸出市場を意識して「風暴(英語でストーム)Ⅰ型」と名付けられた改良型の85・Ⅰ式戦車が開発された。主砲は長砲身の83A式105㎜戦車砲で、砲塔や車体の前面には複合装甲が備えられている。続いて、エンジンを燃費の良い新型に変更した「風暴Ⅱ型」すなわち85・Ⅱ式戦車が開発された。

さらに、1979年のソ連のアフガニスタン進攻以降、中国と関係を深めていたパキスタンでの国産化を考慮して、同国の要望を含む改良を加えた85・ⅡA式戦車が開発された。しかし、パキスタンは、これにソ連製の48口径の125㎜滑腔砲2A46と「カセトカ」自動装填装置の搭載を要望し、イラクから入手したT・72Mを参考に開発されたといわれる48口径の125㎜滑腔砲と自動装填装置を搭載した85・ⅡM式戦車が開発された。なお、85・ⅡM式戦車のパキスタン仕様である85・ⅡAP式戦車は、1992年からパキスタンで約270両がライセンス生産されている。

さらにパキスタンは、1990年に中国と新型戦車を共同開発するMBT2000計画を正式に決定。翌1991年にはドイツのMTU社で開発されて中国で製造されたディーゼル・エンジンを搭載する90・Ⅰ式戦車が内蒙古第1機械製造工場で完成。次いでイギリスのパーキンス社で開発されたディーゼル・エンジンを搭載する90・Ⅱ式戦車が完成した。しかし、パキスタン国内での製造開始には手間取り、2001年にようやくウクライナ製のディーゼル・エンジンを搭載する最初の先行量産車が引き渡された。これがアル=ハーリド戦車で、125㎜滑腔砲を搭載しており、複合装甲を備えている。中国名は90・ⅡM式戦車だ。

中国の第三世代戦車の開発

中国では、前述のように1978年に第二世代戦車の開発を決定し、各種の試作戦車を製作して技術開発を進めていった。また、西ドイツ(当時)で開発されたレオパルト2の購入やライセンス生産も検討されたが、外貨不足もあって実現しなかった。

その後、1986年にはT・72をベースにした第三世代の新

85-Ⅱ式戦車

85式はパキスタンとかへの輸出を念頭に開発されたのね。

中国とパキスタンは、対ソ連＆対インドで利害が一致してたのか…。

90-ⅡM式戦車（アル＝ハーリド戦車）

型戦車（WZ-123）の開発が正式に決まり、1989年から開発が本格的に始められて、翌1990年には最初の試作車が完成。その後、1991年の湾岸戦争を挟んで、要求性能の変更や増加試作車の製作、各種の試験などを経て、1998年に98式戦車として採用された。そして1999年に建国50周年となる国慶節の軍事パレードで初めて公開され、これにちなんで99式戦車に改称されたが、パレード時点では各部に未完成な部分が残っていた。

この98式／99式戦車は、ソ連で開発された125㎜滑腔砲2A46Mをベー

99式戦車（一部推定含む）

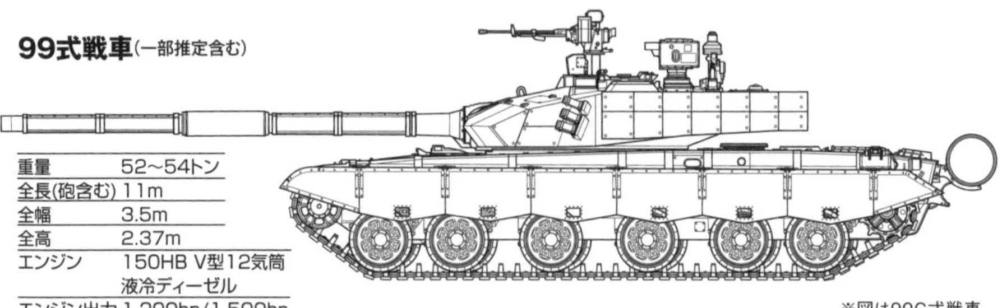

重量	52〜54トン
全長(砲含む)	11m
全幅	3.5m
全高	2.37m
エンジン	150HB V型12気筒 液冷ディーゼル
エンジン出力	1,200hp/1,500hp
最高速度	68〜80km/h(路上)　航続距離　400km
武装	125mm滑腔砲×1、12.7mm機関銃×1、7.62mm機関銃×1
装甲	複合装甲+爆発反応装甲　乗員　3名

※図は99G式戦車

98式/99式戦車

T-72をベースに
大幅な改良を加えたのが
98式／99式戦車です。
ERAを付けていないと、
車体はT-72と
よく似ていますね

中国戦車は
ワシが育てた

スに改良を加えた50口径の滑腔砲である98式125㎜戦車砲を自動装填装置とともに搭載している。また、垂直方向と水平方向の2軸のスタビライザー（砲安定装置）と連動するレーザー測遠機などを組み込んだ高度なFCSを搭載している。さらに、砲塔や車体の前面には複合装甲を採用しており、砲塔上面左側後部に敵からのレーザー照射を感知して撹乱用のレーザーを放つ中国独自のアクティブ防護システムを搭載している。

軍事パレードで撮影された98式戦車よ。爆発反応装甲が装着される前の車体の形がよく分かるわね。

99G式戦車

日本の10式も自動装填装置装備だし、日中韓の最新戦車って、全部自動装填装置付きなのね。

アジア人には120～125mm砲弾が大きすぎるってのもあるのかも。

99A式戦車

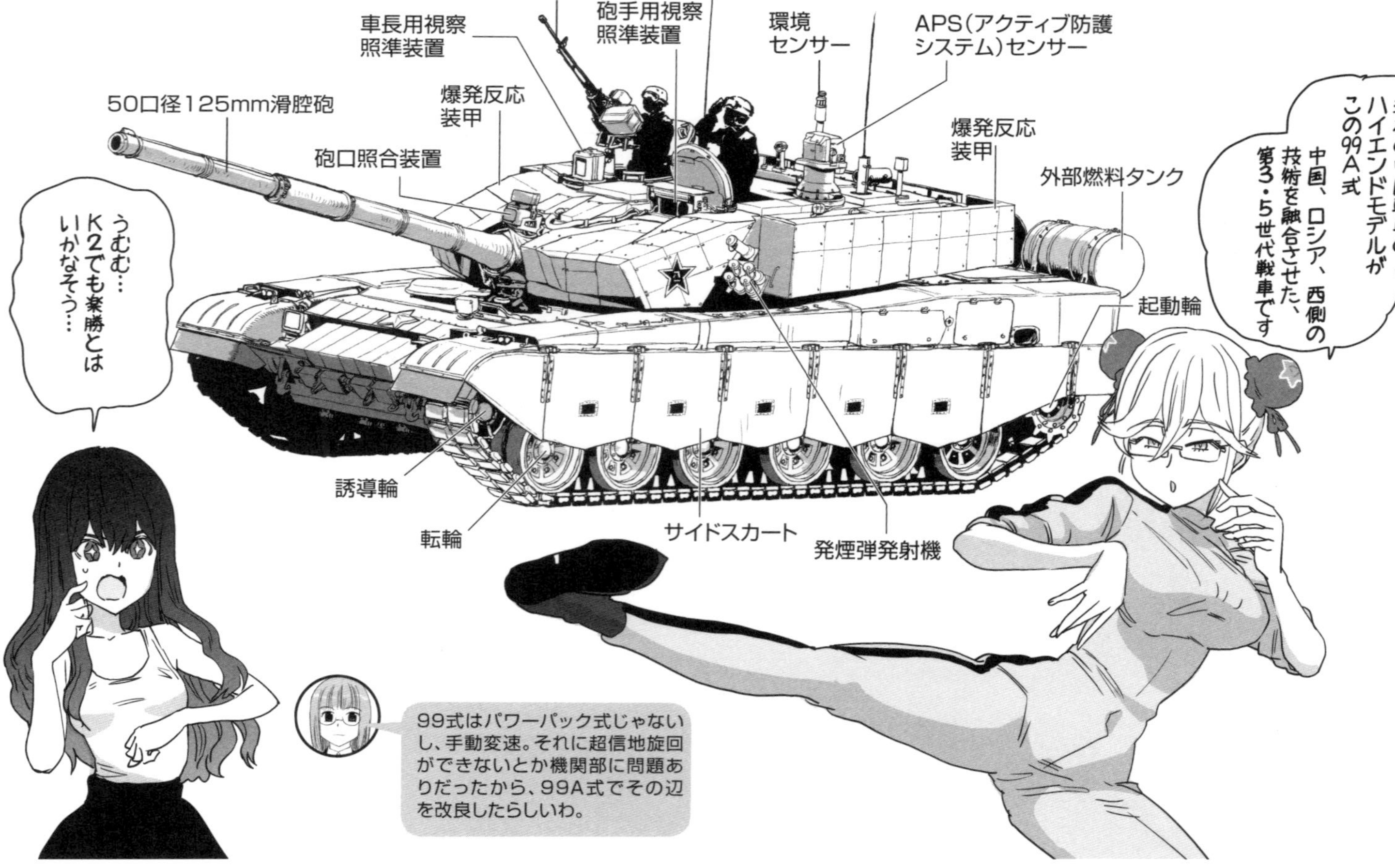

50口径125mm滑腔砲
砲口照合装置
車長用視察照準装置
爆発反応装甲
12.7mm機関銃
砲手用視察照準装置
環境センサー
APS（アクティブ防護システム）センサー
爆発反応装甲
外部燃料タンク
起動輪
誘導輪
転輪
サイドスカート
発煙弾発射機

現在の中国戦車のハイエンドモデルがこの99A式
中国、ロシア、西側の技術を融合させた、第3・5世代戦車です

うむむ…K2でも楽勝とはいかなそう…

99式はパワーパック式じゃないし、手動変速。それに超信地旋回ができないとか機関部に問題ありだったから、99A式でその辺を改良したらしいわ。

99G式戦車と99A式戦車の違い

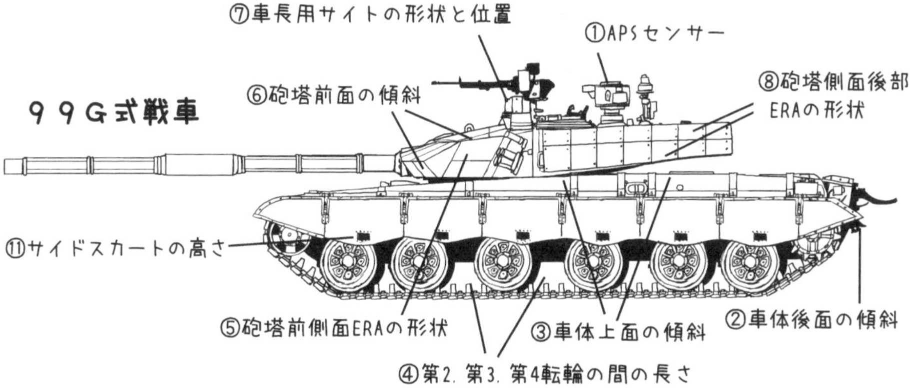

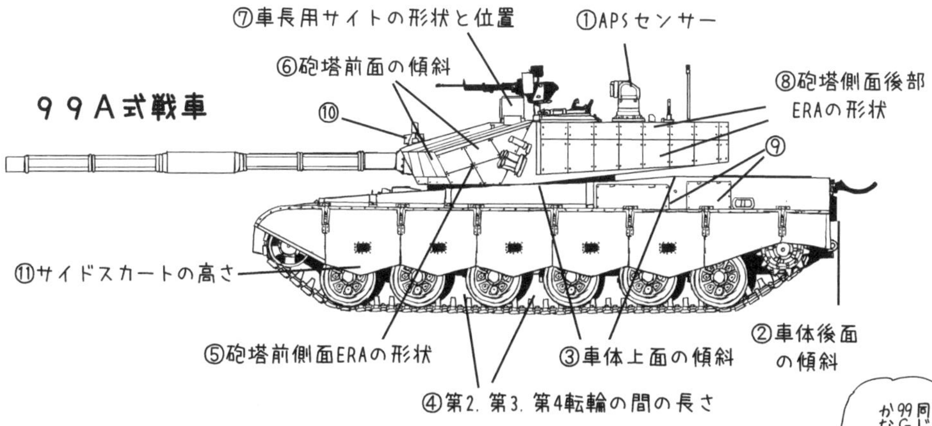

99G式戦車

⑦車長用サイトの形状と位置
①APSセンサー
⑥砲塔前面の傾斜
⑧砲塔側面後部ERAの形状
⑪サイドスカートの高さ
⑤砲塔前側面ERAの形状
③車体上面の傾斜
②車体後面の傾斜
④第2, 第3, 第4転輪の間の長さ

99A式戦車

⑦車長用サイトの形状と位置
①APSセンサー
⑥砲塔前面の傾斜
⑩
⑧砲塔側面後部ERAの形状
⑨
⑪サイドスカートの高さ
⑤砲塔前側面ERAの形状
③車体上面の傾斜
②車体後面の傾斜
④第2, 第3, 第4転輪の間の長さ

しかし、この98式/99式戦車は、防御力が不足していると判定されたため、砲塔前面などにERAを追加し、エンジンを新型に変更するなどの改良が加えられた99G式戦車が開発された。さらに、フランスのSESM社(現在のレンク・フランス社)で開発された全自動変速機を搭載している90・ⅡM式戦車の車体に、99式戦車の砲塔に改良を加えて組み合わせ、車両間情報システムを搭載するなどの改良を加えた99A式戦車が開発され、2011年頃から配備が進められている。

これら98式/99式戦車が完成する以前の1980年代末頃、中国軍は、いまだに大量

同じ99式でも99Gと99A式はかなり違うのね

パッと見で分かりやすいのは車体後部上面の傾斜かな

に残っている59式／69式／79式系列の旧式戦車のすべてを高価な第三世代戦車で置き換えるのはむずかしいことや、第三世代戦車の開発にはまだ時間を要することなどから、88式戦車をベースにして85・ⅡM式戦車などの技術を盛り込んだ安価な発展型の開発を決定した。これが88C式戦車で、1996年に96式戦車（WZ・122H）として採用された。

この96式戦車は、48口径の125㎜滑腔砲と自動装填装置を搭載しており、砲塔や車体の前面には複合装甲を備えている。2005年には、砲塔前面の複合装甲を強化し、ERAを標準装備として、暗視装置を新型に換えるなどの改良を加えた96A式戦車の生産が始められた。さらに最近になって、エンジンを大幅にパワーアップした新型に変更するなどの改良を加えた96B式が開発されている。

また、中国軍は、2018年に105㎜戦車砲を搭載する15式軽戦車の存在を

96式戦車
88式をベースに近代化したのが96式戦車で、自動装填装置付きの125㎜滑腔砲や複合装甲を装備しています。最大速度は65㎞／hとやや遅いですね
お高い99式とお買い得な96式で『ハイ・ロー・ミックス』にしていくのかな
中国初の本格的な125mm滑腔砲搭載戦車がこの96式戦車なんですね。

公表した。こちらは62式軽戦車の後継として、同様にチベット地方の山地などでの運用を念頭においたものと見られている。

今後、中国軍は、高性能の99式戦車系列と比較的安価な96式戦車系列を「ハイ・ロー・ミックス」のようなかたちで配備し、大重量の主力戦車の運用がむずかしいチベットや南部の一部地域などに15式軽戦車系列を配備していくものと推測される。

一方、水陸両用戦車に関しては、1990年代後半に、63式水陸両用戦車の浮航能力を向上させて105㎜低反動砲を搭載するなどの改良を加えた63A式水陸両用戦車（WZ・213）が開発された。なお、1995〜96年にかけては第三次台湾海峡危機が起きており、中国は水陸両用戦能力の近代化を強く意識するようになったと思われる。

次いで、2000年には63式系列の水陸両用戦車と兵員輸送用の77式水陸両用装甲車を置き換える水陸両用装甲車ファミリーが要求され、2005年に05式水陸両用装甲車ファミリーとして採用が決まった。この中には、新型の105㎜低反動砲を搭載する05式水陸両用突撃車や、30㎜機関砲搭載で乗員3名に加えて8名前後の兵員を輸送可能な05式水陸両用歩兵戦闘車が含まれている。

二時間目 韓国の戦車

1948年に大韓民国（以下、韓国と記す）の樹立が宣言され、韓国軍が創設された。そして韓国軍の戦車部隊には、アメリカ製のM24軽戦車やM47中戦車、M48中戦車などが配備された。

1970年代後半、韓国はアメリカ製のM47中戦車に代わる国産戦車の開発を決定。しかし、外国製の戦車のライセンス生産の経験さえ無い国が、いきなり純国産戦車の開発を始めるのはリスクが大きい。そこで同盟国であるアメリカの兵器メーカーの入札を募ることになり、1979年には要求仕様が提示された。翌1980年には、アメリカのクライスラー・ディフェンス（現在のジェネラル・ダイナミクス・ランド・システムズ）社が選ばれて、実質的に同社が中心となって設計作業が進められた。そして1983年にはアメリカで最初の試作車が完成し、翌1984年から韓国の現代車輌（現在の現代ロテム）社で生産が始められて、1997年まで計1027両が生産された。これがK1戦車だ。

主砲は、もともとイギリスで開発された105㎜戦車砲L7

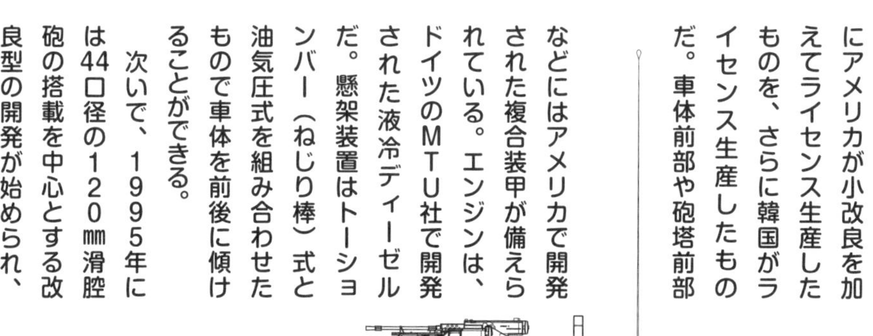

にアメリカが小改良を加えてライセンス生産したものを、さらに韓国がライセンス生産したものだ。車体前部や砲塔前部などにはアメリカで開発された複合装甲が備えられている。エンジンは、ドイツのMTU社で開発された液冷ディーゼルだ。懸架装置はトーションバー（ねじり棒）式と油気圧式を組み合わせたもので車体を前後に傾けることができる。

　次いで、1995年には44口径の120㎜滑腔砲の搭載を中心とする改良型の開発が始められ、

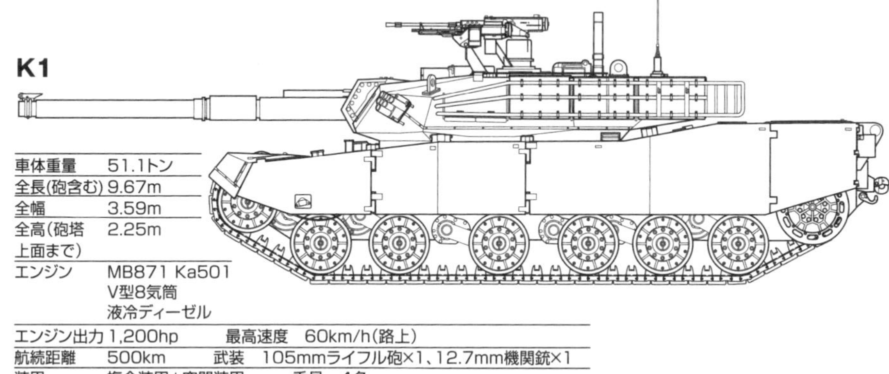

K1

項目	値
車体重量	51.1トン
全長(砲含む)	9.67m
全幅	3.59m
全高(砲塔上面まで)	2.25m
エンジン	MB871 Ka501 V型8気筒 液冷ディーゼル
エンジン出力	1,200hp
最高速度	60km/h(路上)
航続距離	500km
武装	105mmライフル砲×1、12.7mm機関銃×1
装甲	複合装甲+空間装甲
乗員	4名

K1戦車(88戦車)

1998年から量産が開始された。これがK1A1で、2010年までで計484両が生産された。この120mm滑腔砲は、もともとドイツのラインメタル社で開発されたものをアメリカでライセンス生産し、それをさらに韓国でライセンス生産したものだ。

　さらに2012年には、GPSを含む高度なC4I機能*などを盛り込んだ改修型の生産が開始された。K1の改修型はK1E1、K1A1の改修型はK1A2と呼ばれている。

　これに先立って、1995年から旧式化したアメリカ製のM48中戦車に代わる新型戦車の研究が始められた。そして、2007年には初期の試作車が公開され、2014年には先行

2006年に撮影されたK1戦車デス。やっぱ砲塔の形はM1エイブラムズによく似てマスな。(ph/U.S.Army)

*=指揮(Command)、統制(Control)、通信(Communication)、コンピューター(Computer)、情報(Intelligence)の頭文字をつなげたもの。

K1A1戦車

K1A1は44口径120mm滑腔砲に換装！これでM1A1や90式戦車とも互角の攻撃力だよ！

小柄な車体に大きな120mm砲を積んだから、車内が狭くなって砲弾が32発しか積めなくなったとか…ちなみにM1A1と90式は40発搭載ね

量産車が完成した。これがK2戦車「黒豹（フクピョ）」だ。

K2戦車は、ラインメタル社の55口径120㎜滑腔砲を参考に韓国で国産された120㎜滑腔砲と、フランスのルクレール主力戦車のものによく似た国産の自動装填装置を搭載している。車体や砲塔の前面には複合装甲を備えており、各部にERAを装着している。

パワーパックは国産品を搭載する予定だったが、問題が続出したために、最初の100両にはドイツ製のユーロ・パワ

K2

重量	55トン
全長(砲含む)	10.8m
全幅	3.6m
全高	2.5m
エンジン	MT883 Ka501-A V型12気筒液冷ディーゼル/斗山インフラコア V型12気筒液冷ディーゼル
エンジン出力	1,500hp　最高速度　70km/h(路上)　航続距離　430km
武装	55口径120mm滑腔砲×1、12.7mm機関銃×1、7.62mm機関銃×1
装甲	複合装甲+爆発反応装甲　乗員　3名

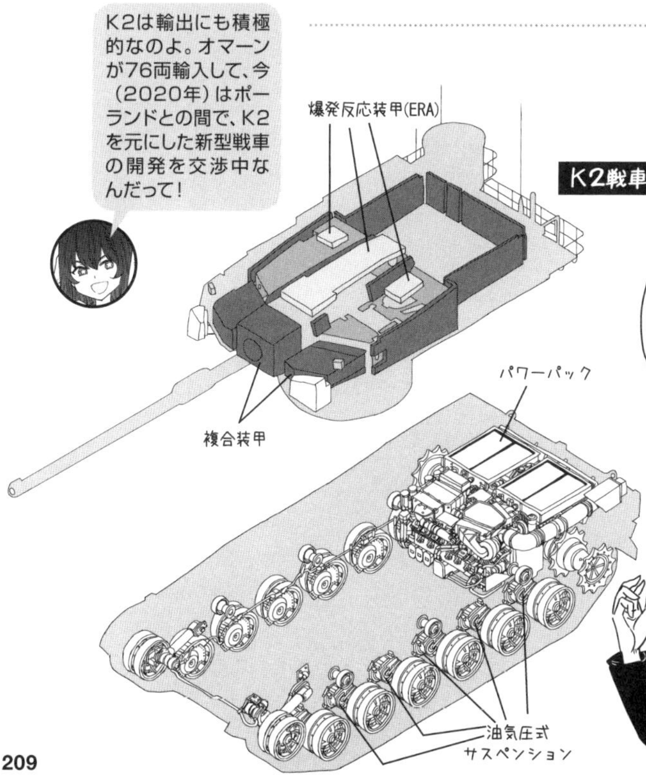

K2は輸出にも積極的なのよ。オマーンが76両輸入して、今（2020年）はポーランドとの間で、K2を元にした新型戦車の開発を交渉中なんだって！

主砲とエンジンはドイツ、自動装填装置やモジュラー式装甲はフランス、アクティブ防護システムはロシアと、諸外国から技術供与を受けてるらしいわ

K2戦車の内部図

爆発反応装甲(ERA)

複合装甲

パワーパック

油気圧式サスペンション

K1は韓国の地形に合わせた小柄な戦車だったはずなのに、K2は55トンと重くなったね

K2戦車「黒豹」
車長用
ペリスコープ
横風
センサー
APS(アクティブ防護
システム)ランチャー
12.7mm機関銃
車長用視察照準装置
爆発反応装甲
レーザー測距儀・
砲口照合装置
7.62mm機関銃
55口径120mm滑腔砲
起動輪
転輪
サイドスカート
これが高度なFCSと自動装填装置を装備した最新鋭戦車K2よ！押し寄せる北の戦車隊を、長砲身120mm砲で撃ちまくるのだ！
…北朝鮮のポンコツ戦車相手に長砲身120mm砲が必要でしょうか？
ギクッ

ーパックが搭載された。懸架装置は、姿勢制御が可能な油気圧式のセミ・アクティブ・サスペンションを採用している。また、車両間情報システムを搭載するなど優れたC4I機能も備えている。

一方、トルコは、2005年に海外メーカーの技術支援を受けて国内で新型の主力戦車「アルタイ」を開発することを決定。当時はK2を開発中だった現代ロテム社が選ばれて、トルコのオトカー社を中心に開発が始められ、2016年には最初の試作車が完成した。主砲は韓国側の支援を得て開発されたトルコ国産の55口径120㎜滑腔砲で、同じく国産の複合装甲を備えている。パワーパックは韓国で開発されたものを搭載する予定だったが、前述のように問題が続出したため、量産化が遅延。最終的にウクライナ製のディーゼル・エンジンの採用が決まったようだが、いまだに大量生産には至っていない。

まとめ

■中国戦車の発達

◇中戦車／主力戦車の発達

59式戦車
↓
69式戦車
↓
79式戦車

80式戦車 → 85式戦車
↓
88式戦車
↓
96式戦車

98式／99式戦車
↓
99A式戦車 ← 90式戦車

◇軽戦車の発達

62式軽戦車
↓
15式軽戦車

◇水陸両用戦車の発達

63式水陸両用戦車
↓
05式水陸両用装甲車ファミリー

■韓国戦車の発達

K1 → K1E1
↓
K1A1 → K1A2
↓
K2 → アルタイ

日直
彭甜
ジアン

ドイツ製MT883エンジンを搭載したK2は、停止から32km/hまでの加速時間は7秒以内だったの。

だから評価試験で、国産エンジン搭載車の合格基準も甘めに8秒以内に設定されたんだけど、8.7秒になっちゃったのよね。

……で、仕方ないから、後で合格基準を9秒以内に緩くしちゃいました（てへ）

ズコー！

第二次世界大戦後のその他の諸国の戦車

単行本書き下ろしの本講では、今まで取り上げてこなかった国々のおもな戦車をひととおり見ていこう。一時間目は欧州地域、二時間目はそれ以外の地域のおもな国々だ。

一時間目 欧州地域の戦車

スイスのおもな戦車

一時間目の最初は、永世中立国のスイス（ただし2002年に国連に加盟）から見てみよう。

第二次世界大戦後のスイスは、大戦中にドイツ併合下のチェコで開発された駆逐戦車ヘッツァーのスイス仕様であるG・13、フランスで開発されたAMX・13（Pz51と命名）、イギリスで開発されたセンチュリオン（Mk.5をPz55、Mk.7をPz57、それぞれの主砲を105㎜戦車砲L7に換装したものをPz55／60、Pz57／60と命名）などを配備していた。

また、これらの戦車の採用や配備と並行して、1951年から国産の新型戦車の研究開発を進めており、１９５８年には自国設計の90㎜砲を搭載するＫＷ30とよばれる試作戦車が完成。続いて１９６０年からイギリスで開発された20ポンド砲を搭載するPz58の先行量産が行われた。翌１９６１年には、同じくイギリスで開発された１０５㎜戦車砲Ｌ７を搭載するPz61が公有の連邦製作所に発注された。

そしてスイス陸軍は、この１９６１年に始まった「陸軍61」と呼ばれる軍備コンセプトに沿って、３個の野戦軍団に機械化師団を1個ずつ計3個編成し、各機械化師団にそれぞれ2個ずつ所属している戦車連隊に、これらの戦車を配備した。

次いで１９６８年にはPz61の改良型の試作車が完成し、Pz68の名称で配備を始めた。このPz68は、主砲のスタビライズ(安定化)やアナログ式弾道計算機の搭載に加えて、エンジンや足回りなどにも改良が加えられている。

さらにスイスは、１９７０年代に国産の新型戦車の開発に着手したが、コストの高騰などから１９７９年に自国開発を断念。１９８３年に西ドイツ(ドイツ連邦共和国。当時。以下同じ)で開発されたレオパルト2の採用を決定した。そして１９８７年から西ドイツ製の車両が納入され、間もなく国内でのライセンス生産に移行した。このレオパルト2にはPz87の名称が与えられ、現在も配備されている。

スイス軍の編制(1989年)

- 陸軍総司令部
  - 第1野戦軍団
    - 第1機械化師団
    - 第2野戦師団
    - 第3野戦師団
    - 第1国境旅団
    - 第2国境旅団
    - 第3国境旅団
    - 第1軍管区
  - 第2野戦軍団
    - 第4機械化師団
    - 第5野戦師団
    - 第8野戦師団
    - 第4国境旅団
    - 第5国境旅団
    - 第2軍管区
  - 第3山岳軍団
    - 第9山岳師団
    - 第10山岳師団
    - 第12山岳師団
    - 第9国境旅団
    - 第10国境旅団
    - 第12国境旅団
    - 第10要塞旅団
    - 第13要塞旅団
    - 第23要塞旅団
    - 第21後方要塞旅団
    - 第22後方要塞旅団
    - 第24後方要塞旅団
    - 第9軍管区
    - 第10軍管区
    - 第12軍管区
  - 第4野戦軍団
    - 第11機械化師団
    - 第6野戦師団
    - 第6野戦師団
    - 第7国境旅団
    - 第8国境旅団
    - 第4軍管区

(旅団、軍管区以上のみ。
軍管区の指揮下には
1～6個の国境連隊などが
含まれる)

なお、「陸軍61」で新編された機械化師団は、冷戦終結後の1995年に始まった「陸軍95」と呼ばれる軍備コンセプトに沿って装甲旅団5個に改編されることになった。しかし、その完了前の2003年に新たな軍備コンセプトである「陸軍XXI」への移行が決まり、装甲旅団は2個に削減されることになった。

スイスの戦後戦車

Pz58
↓
Pz61
↓
Pz68

Pz.68

重量	39.7トン	全長(砲含む)	9.49m
全幅	3.14m	全高	2.88m
エンジン	MTU MB837Ba500 V型8気筒液冷ディーゼル		
エンジン出力	660hp		
最高速度	55km/h(路上)		
航続距離	350km		
武装	51口径105mm ライフル砲×1、 7.5mm機関銃×2		
最大装甲厚	120mm		
乗員	4名		

※本講のスペックは諸説あり、編集部調べ。

オーストリアのおもな装甲戦闘車両

次に、同じく永世中立国(ただし1995年にEUに加盟)のオーストリアを見ていこう。同国は、第二次世界大戦後の米英仏ソの計4か国による占領期を経て、1955年に主権を回復した。

1965年、同国のザウラー社は、政府の求めに応じて新しい装甲戦闘車両の開発に着手した。そして1967年に最初の試作車が完成し、1971年に先行量産車が完成。SK105キュラシェーア(胸甲騎兵の意)駆逐戦車として採用された。

キュラシェーアは、一見するとフランスのAMX・13軽戦車に似ているが、エンジンをAMX・13は前部に、SK105は後部に、それぞれ搭載しているという大きな違いがある。SK105の砲塔は、フランスで開発されたFL・12揺動砲塔をベースにオーストリア独自の小改良を加えたもので、JT1と同系列の揺動砲塔を持つフ

ウィーンの軍事歴史博物館でのイベントに登場したSK105キュラシェーア(Ph/Pappenheim)

オーストリア軍の編制（1989年）

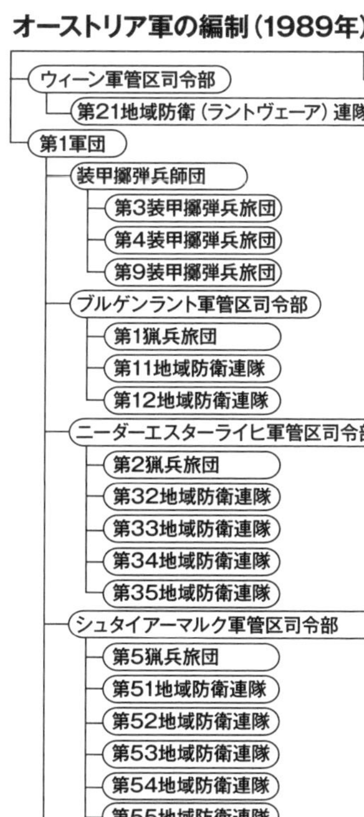

- 陸軍総司令部
  - ウィーン軍管区司令部
    - 第21地域防衛（ラントヴェーア）連隊
  - 第1軍団
    - 装甲擲弾兵師団
      - 第3装甲擲弾兵旅団
      - 第4装甲擲弾兵旅団
      - 第9装甲擲弾兵旅団
    - ブルゲンラント軍管区司令部
      - 第1猟兵旅団
      - 第11地域防衛連隊
      - 第12地域防衛連隊
    - ニーダーエスターライヒ軍管区司令部
      - 第2猟兵旅団
      - 第32地域防衛連隊
      - 第33地域防衛連隊
      - 第34地域防衛連隊
      - 第35地域防衛連隊
    - シュタイアーマルク軍管区司令部
      - 第5猟兵旅団
      - 第51地域防衛連隊
      - 第52地域防衛連隊
      - 第53地域防衛連隊
      - 第54地域防衛連隊
      - 第55地域防衛連隊
    - 第2兵站連隊
  - 第2軍団
    - オーバーエスターライヒ軍管区司令部
      - 第41地域防衛連隊
      - 第42地域防衛連隊
      - 第44地域防衛連隊
    - チロル軍管区司令部
      - 第6猟兵旅団
      - 第61地域防衛連隊
      - 第62地域防衛連隊
      - 第63地域防衛連隊
      - 第64地域防衛連隊
    - ケルンテン軍管区司令部
      - 第7猟兵旅団
      - 第71地域防衛連隊
      - 第72地域防衛連隊
      - 第73地域防衛連隊
    - ザルツブルク軍管区司令部
      - 第8猟兵旅団
      - 第81地域防衛連隊
      - 第82地域防衛連隊
      - 第83地域防衛連隊
    - フォアアールベルク軍管区司令部
    - 第3兵站連隊
  - 航空師団
    - 第1航空連隊（アグスタ・ベル212×12、アグスタ・ベル206×11、OH-58B×12、S.C.7スカイバン×2、PC-6×13）
    - 第2航空連隊（SA-316BアルエートⅢ×24、サーブ105×18）
    - 第3航空連隊（アグスタ・ベル212×12、アグスタ・ベル204×8、サーブ105×13）
    - 航空監視連隊
  - 陸軍通信連隊
  - 第1兵站連隊

AMX-13の妹分みたいなもので、揺動砲塔も主砲の105㎜砲もフランス製。装甲は最大40㎜と薄いのも同じデス

ただ、AMX-13では車体の前部右側にあったエンジンは、キュラシェーアでは車体後部にあるんですね

オーストリア軍のマーク

SK105キュラシェーア

重量	17.5トン
全長(砲含む)	7.76m
全幅	2.50m
全高	2.53m
エンジン	シュタイアー7FA 直列6気筒液冷ディーゼル
エンジン出力	320hp　最高速度 70km/h（路上）
航続距離	500km
武装	44口径105mmライフル砲×1、7.62mm機関銃×1
最大装甲厚	40mm　乗員 3名

よばれる。主砲は同じくフランスで開発された105mm砲CN105・57を搭載している。防御力は前面装甲でも20mm徹甲弾に耐えられる程度だが、車体や砲塔に装着する増加装甲もオプションとして用意されている。軽戦車に分類されることも多いが、オーストリア軍では、おもに装甲擲弾兵旅団隷下の駆逐戦車大隊および装甲擲弾兵大隊隷下の戦車駆逐中隊に対戦車車両として配備された。また、アルゼンチンやモロッコなどに輸出も行われている。

付け加えると、冷戦最盛期のオーストリア軍の主力戦車は、1982年から導入されたアメリカ軍の中古のM60主力戦車（オーストリアではドイツと同様に「M・60」などとハイフンを入れて表記されることが多い）で、おもに装甲擲弾兵旅団に所属する戦車大隊に配備された。

その後、1997年からオランダ軍の中古のレオパルト2A4戦車が導入されて、現在もオーストリア軍戦車部隊の主力として運用されている。

オーストリア軍装甲擲弾兵旅団の編制例（1989年）

- 装甲擲弾兵旅団
  - 装甲司令部大隊
    - 司令部中隊
    - 装甲通信中隊
    - 装甲工兵中隊
    - 装甲偵察中隊
    - 装甲対空中隊（M-42対空戦車×12）
  - 戦車大隊
    - 本部中隊（M-60戦車×2）
    - 戦車中隊（M-60戦車×13）×4
  - 装甲擲弾兵大隊
    - 本部中隊（SPzA1歩兵戦闘車×1）
    - 装甲擲弾兵中隊（SPzA1歩兵戦闘車×16（うち6は20mm機関砲搭載）、81mm迫撃砲搭載SPzA1×2）×4
    - 駆逐戦車中隊（SK105キュラシェーア駆逐戦車×12）
  - 装甲砲兵大隊
    - 本部中隊
    - 装甲榴弾砲中隊（155mm装甲榴弾砲M-109×6）×3
  - 戦車駆逐大隊
    - 本部中隊
    - 駆逐戦車中隊（SK105キュラシェーア駆逐戦車×12）×3
  - 補給中隊
  - 輸送中隊
  - 整備中隊
  - 衛生中隊

（SPzA1とはザウラー4K4F系列のこと）

オーストリア軍猟兵旅団の編制例（1989年）

- 猟兵旅団
  - 司令部大隊
    - 本部中隊
    - 通信中隊
    - 工兵中隊
    - 戦車駆逐中隊（8.5cm対戦車砲Pak52×12）
  - 猟兵大隊（自動車化）×3
    - 本部中隊
    - 猟兵中隊（84mm無反動砲PAR×6、81mm迫撃砲×2）×3
    - 重火器中隊（106mm無反動砲rPakM-40×6、120m重迫撃砲×4、20mm対空砲Flak58×12）
  - 旅団砲兵大隊
  - 補給中隊
  - 輸送中隊
  - 整備中隊
  - 衛生中隊

（84mm無反動砲PARとはカール・グスタフ、20mm対空砲Flak58はエリコンGAI-BO1、8.5cm対戦車砲Pak52はČSR85mmカノンK-52のこと）

東欧諸国の戦車

次に、もともとソ連(当時)で開発された戦車から発達した旧東側諸国(ユーゴスラビアを含む)の戦車を見ていこう。これらの国々はソ連製の戦車やそのライセンス生産車を配備していたが、それらをベースに独自の改良型や発展型を開発している国も少なくない。

T・54/55中戦車系列から発展したおもな戦車

まず、T・54/55中戦車系列をベースとした戦車としては、ルーマニアのTR・580やその発展型のTR・85、スロベニアのM55S1などがある。

冷戦期に東欧諸国の中でも独自路線を採っていたルーマニアは、1977年に首都ブカレストで軍事パレードを挙行し、そこでTR・580が初めて姿を見せた。このTR・580は、T・55をベースにしているが、同国オリジナルの戦車

TR-85

重量	43.3トン	全長(砲含む)	9.00m
全幅	3.30m	全高	2.35m
エンジン	8VS-A2T2 V型8気筒液冷ディーゼル		
エンジン出力	830hp	最高速度	64km/h(路上)
航続距離	500km		
武装	54口径100mmライフル砲×1、7.62mm機関銃×1、12.7mm機関銃×1		
最大装甲厚	複合装甲	乗員	4名

TR-85M1

だ。エンジンの換装に考慮して車体後部を延長し、下部転輪をやや小径のものに換えて片側6個に増やすなど各部に改良が加えられている。

次いでTR・580の発展型といえるTR・85が開発され、1986年から1990年まで生産された。こちらは、中国製のレーザー測遠機を搭載するなど射撃統制装置（FCS）に改良が加えられており、砲塔前部や車体前面に簡易な複合装甲を備えている。また、西ドイツで開発されたディーゼル・エンジンを搭載するなど、火力、防御力、機動力のすべてが向上している。さらに各部にNATO規格への適合を含む改良を加えた近代化改修型のTR・85M1が1997年から2009年にかけて生産された。

スロベニアは、1991年にスロベニア独立戦争（十日間戦争）を経てユーゴスラビア（当時）から独立。同国のSTOラヴェネ社は、T・55をベースに、イスラエルのエルビット社などの協力を得て近代化改修を加えたM・55S1を開発し、1999年までに30両の改修を終えた。主砲はサーマルスリーブ（耐熱被筒）付の105㎜戦車砲L7になり、各部に爆発反応装甲（ERA）を装着するなど、大幅な改造が施されている。

T-72主力戦車系列から発展したおもな戦車

次に、T-72主力戦車をベースにした戦車としては、ユーゴスラビアのM-84、ポーランドのPT-91、チェコのT-72CZなどがある。

崩壊前のユーゴスラビアは、冷戦中の1979年にソ連からT-72のライセンス生産権を取得し、自国生産用に細部の設計を改めて、1984年から量産を開始した。これがM-84で、1991年までに約500両が生産された。生産中にFCSの近代化やエンジンのパワーアップなどの改良が逐次加えられている。このM-84系列は、ユーゴスラビアの崩壊後もセルビアやボスニア・ヘルツェゴビナなど旧ユーゴスラビアを構成していた国々の軍で使用され続けている。また、クウェートに輸出も行われており、シリアやリビアも若干数を購入したといわれている。

さらにユーゴスラビアの構成国のひとつだったクロアチアは、このM-84をベースに、ERAを装着するなど独自の改良を加えたM-95を開発している。

PT-91

重量	45.3トン	全長(砲含む)	9.67m
全幅	3.59m	全高	2.19m
エンジン	PZL-Wola S-12U V型12気筒液冷ディーゼル		
エンジン出力	850hp	最高速度	60km/h(路上)
航続距離	650km(増加タンク使用)		
武装	125mm滑腔砲×1、7.62mm機関銃×1、12.7mm機関銃×1		
装甲	複合装甲+爆発反応装甲		
乗員	4名		

PT-91

M-84を元に、新型の射撃統制装置、コンタークト5爆発反応装甲、9M119Mレフレクス主砲発射型ミサイル、TShU-1-7シュトーラ1防御システムを搭載するなどして強化したセルビア軍のM-84AS1（Ph/MINISTRY OF DEFENCE REPUBLIC OF SERBIA）

一方、ポーランドは、冷戦期からT・72系列のライセンス生産を行っていたが、1988年に旧式化したT・72M1の近代化計画の準備を決定し、1991年から計画に着手した。これがPT・91で、冷戦終結後の1993年から量産車の引き渡しが始められた。このPT・91は、自国製の新型ディーゼル・エンジンやERA、近代化されたFCSを搭載するなどの改良が加えられている。また、1998年から自国軍のT・72M1に同様の近代化改修を施し、さらにT・72系列を保有する国への輸出用として同様の改修をキット化している。

さらにポーランドのOBRUM社とブマル・ワベンディ社は、

PL-01

2016年にPT・16、2017年にPT・17と呼ばれるT・72系列のほとんど新型に近い新たな発展型を発表しているが、まだ細かい部分まで煮詰まっていないようだ。

付け加えると、2013年にOBRUM社は、イギリスのBAEシステムズ社の協力を得て、CV90装甲戦闘車両ファミリーで120㎜滑腔砲を搭載するCV90・120Tをベースにした新型戦車PL・01のモックアップ（実大模型）を公開している。この戦車は、105㎜戦車砲または120㎜滑腔砲を搭載し、車重30t～35（増加装甲装着時）tで、世界初の「ステルス戦車」とも言われている。

チェコスロバキアも、冷戦期からT・72系列のライセンス生産を行っていたが、1993年に平和裏にチェコとスロバキアに分離。このうちのチェコは、1995年にT・72M1をベースとした性能向上計画を募集し、同国軍の改修整備工場だったVOP・025工場の計画が選定された。この計画によって、イタリアのガリレオ社のFCSを搭載し自国製のERAを装着するなどの改良を加えたT・72M3CZや、これにイギリスのパーキンス社のディーゼル・エンジンとアメリカのアリソン社の変速操向装置を組み合わせたパワーパックを搭載するT・72M4CZが開発され、チェコ軍は既存のT・72M1をT・72M4CZ仕様に改修することを決めた。

T・64中戦車／主力戦車、T・80主力戦車系列から発展したおもな戦車

この時間の最後は、T・64中戦車／主力戦車（T・64Aから主力戦車に分類）、T・80主力戦車をベースにした戦車を見てみよう。

ソ連の一部であったウクライナは、マールィシェフ記念工場（第75ハリコフ重機械工場を改称）でディーゼル・エンジン搭載のT・64系列やT・80UDの車体部を生産していた。

しかし、同国は1991年のソ連崩壊により独立。マールィシェフ記念工場は、同国で戦車の開発や生産を行う企業となった。そして同社は、T・80UDをベースに、溶接構造の砲塔や新型のディーゼル・エンジンを搭載し、FCSを近代化するなどの改良を加えたT・84を開発し、1999年からウクライナ軍で運用が始められている。

次いで同社は、T・84に新型砲塔や装甲の強化などの改良を加えた発展型を開発し、2001年にウクライナ

オプロート（推定含む）

項目	値
全備重量	51トン　　全長（砲含む）　9.72m
全幅	3.4m
全高	2.285m（2.8m…車長用サイト含む）
エンジン	6TD-2あるいは 6TD-5水平対向ピストン6気筒液冷ディーゼル
エンジン出力	1,200hpあるいは1,500hp
最高速度	70km/h（路上）
航続距離	500km（増加タンク使用）
武装	125mm滑腔砲×1、7.62mm機関銃×1、 12.7mm機関銃×1
装甲	複合装甲＋爆発反応装甲　　乗員　3名

オプロート

オプロートはウクライナがT-80→T-80UD→T-84→オプロートという流れで開発した第3世代戦車ね

『オプロート』は要塞とか砦といった意味。まさに『動く要塞』ということですね

軍に採用されることが決まり、オプロートと名付けられた。さらにトルコ向けに120㎜滑腔砲を搭載するヤタハーンを開発したが、採用されずに終わったようだ。

また、マールィシェフ記念工場は、T・64B主力戦車をベースに、T・84に準じる近代化改修を加えたT・64BMブラートを開発し、2005年からウクライナ軍への配備が始められている。

第3世代主力戦車に準じる性能を持つようになったウクライナ軍のT-64BMブラート（Ph/Artemis Dread ）

二時間目は、欧州以外の国々のおもな戦車を見ていこう。

アフリカ・中近東地域のおもな戦車

英連邦の一部である南アフリカは、イギリスで開発されたセンチュリオンを、朝鮮戦争後の1953年から輸入して配備していた。その後、1970年代初めにはセンチュリオンの改良計画に着手し、試験的に自国製のガソリン・エンジンや西ドイツのMTU社製のディーゼル・エンジンを搭載した。さらにオリファントの名称で、懸架装置の改

戦後第1世代戦車のセンチュリオンを南アフリカ軍が独自改良したオリファントMk.2（Ph/USARAF）

良や105㎜戦車砲L7の搭載、FCSの搭載やERAの装着など段階的に改良を重ねて、同国軍に配備を続けている。

エジプトは、1984年にソ連製のT・54／55（ルーマニアのT・580が本当のベースとも言われている）の近代化改修契約をアメリカのテレダイン・コンチネンタル・モータース社と締結。1987年に最初の試作車が完成し、1990年から軍による試験が行われて2005年までに計260両が改修された。これがラムセスⅡ世で、当初はエジプトの頭文字からT・54Eと呼ばれていた。改修内容は、車体を延長してコンチネンタル社製のディーゼル・エンジンを搭載し、下部転輪をやや小径のものに換

ブルームフォンテーンの南アフリカ戦車博物館に展示されているオリファントMk.ⅠA（Ph/Katangais）

オリファントMk.1B

戦闘重量	58.0トン　全長(砲含む)　8.61m
全幅	3.42m　全高　3.55m
エンジン	コンチネンタルAVDS-1790-5 V型12気筒空冷ディーゼル
エンジン出力	950hp　最高速度　58km/h(路上)　航続距離　500km
武装	51口径105mmライフル砲×1、7.62mm機関銃×2
装甲	複合装甲　乗員　4名

オリファントMk.2

南アフリカ軍がセンチュリオンを独自に改良したのがオリファント(象)で、今でもまだまだ現役なのよ

砲塔はモジュラー式複合装甲を装備してて、第3世代戦車みたいな角張った形状ね。イスラエル軍以上の物持ちの良さだね！

えて片側6個に増やし、105㎜戦車砲L7のアメリカ仕様であるM68を搭載するなど、かなり大がかりなものだ。

一方、イランは、ソ連製のT・54／55系列や、その中国版である59式戦車系列をベースに、105㎜戦車砲M68のイラン版や、T・72主力戦車系列と同じディーゼル・エンジンを搭載し、自国製のERAを装着するなどの改良を加えて、1996年に公表した。T・54系列ベースがサフィール74、T・55系列ベースがT・72Z、59式戦車系列ベースがタイプ72Z、通常のT・55に自国製のERAを装着したものがサフィール86、といわれ

1985年のアメリカ・エジプト合同演習「ブライト・スター」で、米軍の上陸用舟艇から上陸するエジプト軍のラムセスⅡ世（Ph/NARA）

ラムセスⅡ世

重量	48トン	全長(砲含む)	9.60m
全幅	3.42m	全高	2.40m
エンジン	コンチネンタルAVDS-1790-5A V型12気筒空冷ディーゼル		
エンジン出力	908hp		
最高速度	69km/h（路上）		
航続距離	530km		
武装	51口径105mmライフル砲×1、7.62mm機関銃×1、12.7mm機関銃×1		
最大装甲厚	不明	乗員	4名

ラムセスⅡ世

エジプトのT・54／55の近代化改修をアメリカのメーカーが担当して、出来上がったのがラムセスⅡ世だよ

車体と砲塔はT・54／55、エンジンはアメリカ製、主砲はL7系の105㎜砲か〜、節操ないのね〜

タイプ72Z

イラン軍が中国の59式戦車をベースに、L7系の105mmライフル砲やディーゼル・エンジン、FCSなどを改良したのがタイプ72Zともいわれていますが…詳細は不明です

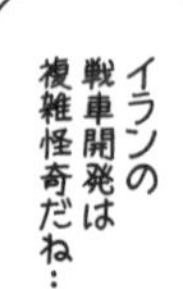

ズルフィクァ1（推定含む）

重量	40トン	全長	9.20m
全幅	3.6m	全高	2.5m
エンジン	V型12気筒液冷ディーゼル		
エンジン出力	780hp		
最高速度	70km/h（路上）	航続距離	450km
武装	125mm滑腔砲×1、7.62mm機関銃×2、12.7mm機関銃×1		
装甲	複合装甲	乗員	3名

ズルフィクァIII（ゾルファガール）

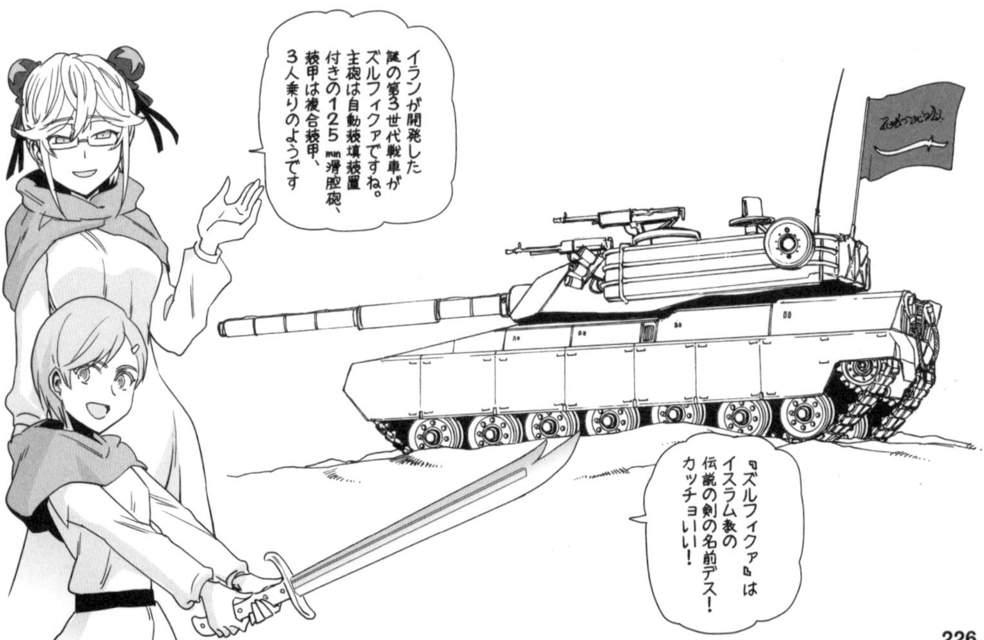

イランが開発した謎の第3世代戦車がズルフィクァですね。主砲は自動装填装置付きの125mm滑腔砲、装甲は複合装甲、3人乗りのようです

『ズルフィクァ』はイスラム教の伝説の剣の名前デス！カッチョいい！

ているが、詳細ははっきりしない。なお、タイプ72Zは、2006年からスーダンに輸出されており、現地で組み立てられてアル・ズベイルIと呼ばれている。

これとは別に、イランは国産戦車の開発も進めており、1996年に最初の試作車が完成し、1997年から量産に着手したといわれている。これがズルフィクァ（ゾルファガールとも表記される）で、詳細は判明していないが、主砲は125mm滑腔砲と見られている。また、下部転輪を初期型の片側6個から7個に増やした改良型も存在している。

中近東や中国を除くアジア地域のおもな戦車

インドは、1965年からイギリスのヴィッカース社で開発されたヴィッカースMBTをヴィジャンタの名称でライセンス生産していた（ヴィッカースMBTについては『萌えよ！戦車学校戦後編Ⅱ型』を参照）。

その後、国産の新型戦車の研究開発に着手し、西ドイツのクラウス・マッファイ社などの協力を得て、1984年には最

アージュンMk.Ⅰ

重量	58.5トン	全長(砲含む)	10.19m
全幅	3.85m	全高	2.32m
エンジン	MTU MB838 Ka-501 V型10気筒液冷ディーゼル		
エンジン出力	1,400hp		
最高速度	72km/h（路上）	航続距離	450km
武装	120mmライフル砲×1、 7.62mm機関銃×1、12.7mm機関銃×1		
装甲	複合装甲	乗員	4名

2010年の共和国記念日パレードで登場したアージュンMk.Ⅰ（Ph/Defence,Government of India）

初の試作車が完成した。これがアージュンだ。

国産の55口径120㎜ライフル砲を搭載しており、同じく国産の複合装甲を備えているが、エンジンは紆余曲折を経てドイツのMTU社製のディーゼル・エンジンを搭載することになった。しかし、各部に不具合が多く量産は難航。2000年にインド軍向けに124両の生産が決まったものの、引き渡しは2004年からだったという。その後、不具合は解消されて、2010年に124両の追加発注が決まった。さらに2014年には、FCSを近代化しERAを装着するなどの改良を加えたアージュンMk.Ⅱが公開されている。

暴風号（推定含む）

重量	45トン	全長(砲含む)	9.61m
全幅	3.50m	全高	2.42m
エンジン	V型12気筒液冷ディーゼル		
エンジン出力	1,000hp		
最高速度	57km/h（路上）	航続距離	430km
武装	115mm/125mm滑腔砲×1、7.62mm機関銃×1、14.5mm機関銃×1		
装甲	複合装甲	乗員	4名

北朝鮮は、ソ連で開発されたT-62中戦車のライセンス生産を1980年代に開始し、チョンマホ（天馬号または天馬虎）の名称を与えた。その後、レーザー測遠機の搭載やERAの装着、独自の砲塔の搭載などの改良が段階的に加えられている。

次いで、おそらく1990年代に新型戦車のポップンホ（暴風号または暴風虎）を開発したが、詳細は不明だ。さらに一説には2009年から新型戦車のソングンホ（先軍号または先軍虎）の生産を開始したといわれているが、こちらも詳細は不明だ。

台湾は、アメリカ製のM48中戦車などを装備していたが、アメリカのジェネラル・ダイナミクス社の協力を得て、アメリカ製のM60A3主力戦車の車体に、同じくアメリカ製で105㎜戦車砲M68を装備するM48A5中戦車の砲塔を搭載するなど、独自の改良を加えたCM11ヨンフー（勇虎）戦車（アメリカ軍の名称はM48H）を開発。1988年に試作車が完成し、1990年に公開された。また、アメリカ製のM48A3中戦車をベースに、CM11と同様の改修を加えたCM12も開発。いずれ

ポップンホ(暴風号または暴風虎)

北朝鮮が独自開発した戦車で、T-72と同じくらいの戦闘力があるのかな…?携行式地対空ミサイルを装備したり、対戦車ミサイル発射機を装備してるのもあるみたい(苦笑)

音ゲーみたいな名まえの戦車デスな…

POP'n-HO

CM11ヨンフー(勇虎)

M60の車体にM48A5の砲塔を乗っけて、M1エイブラムズ並みの射撃統制装置を装備した台湾オリジナルの戦車です。でも、さすがにそろそろエイブラムズが欲しい…!

ふひひ…。

トランプ大統領→

で、台湾は2019年にM1A2エイブラムズを購入することになったのね

アメリカ製のM60A3の車体にM48A5の砲塔を搭載するなど、台湾独自の改良を加えたCM11（Ph/玄史生）

CM11勇虎

重量	50トン	全長(砲含む)	9.31m
全幅	3.63m	全高	3.09m
エンジン	コンチネンタルAVDS-1790-2C 12気筒V型空冷ディーゼル		
エンジン出力	750hp		
最高速度	48km/h（路上）		
航続距離	480km		
武装	51口径105mmライフル砲×1、 7.62mm機関銃×2、12.7mm機関銃×1		
最大装甲厚	143mm	乗員	4名

スティングレイ軽戦車

スティグレは「エイ」って意味だよ

アメリカで不採用に終わった軽戦車を、タイが輸入して採用したの

主砲は105mm低反動砲、重さは20トンちょっと、装甲は15mm程度とごく薄いのね

も1990年から同国軍に配備されている。

タイは、第二次世界大戦後に同国軍にアメリカ製のM24軽戦車やM41軽戦車、M4A5中戦車などを配備していたが、1987年にはアメリカ製のスティングレイ軽戦車の導入を決定した。このスティングレイは、もともとアメリカのキャデラック・ゲージ社がアメリカ陸軍の装甲砲システム（Armored Gun System略してAGS）向けに開発したが、不採用に終わったものだ。主砲はイギリスのロイヤル・オードナンス社が105㎜戦車砲L7をベースに開発した105㎜低反動砲LRFを搭載している。アメリカのデトロイト・ディーゼル社製のディーゼル・エンジンを搭載しており、機動力は優れているが、装甲は小口径弾に耐えられる程度で、防御力は低い。生産数は106両とされている。

スティングレイ

重量	21.2トン	全長(砲含む)	9.27m
全幅	2.72m	全高	2.55m
エンジン	デトロイト・ディーゼル 8V-92TA V型8気筒液冷ディーゼル		
エンジン出力	535hp	最高速度	68km/h（路上）
航続距離	480km		
武装	105mm低反動ライフル砲×1、7.62mm機関銃×1、12.7mm機関銃×1		
最大装甲厚	14.5mm	乗員	4名

南米地域のおもな戦車

アルゼンチンは、第二次世界大戦後もアメリカ製のM4中戦車などを同国軍に配備していたが、1974年に新型戦車の開発を決定。これに応じて西ドイツのティッセン・ヘンシェル社

演習中のTAM。西ドイツのティッセン・ヘンシェル社が開発したアルゼンチン軍独自の戦車だ（Ph/Argentina.gob.ar）

TAM

重量	30.5トン	全長(砲含む)	8.23m
全幅	3.25m	全高	2.42m
エンジン	MTU-MB833 Ka-500 V型6気筒液冷ディーゼル		
エンジン出力	720hp		
最高速度	75km/h（路上）	航続距離	590km
武装	51口径105mmライフル砲×1、7.62mm機関銃×2		
最大装甲厚	不明	乗員	4名

がマルダー歩兵戦闘車の車体や構成部品を活用してＴＡＭ（Tanque Argentino Medianoの略でアルゼンチン中戦車の意）戦車の開発に着手し、１９７６年には最初の試作車が完成した。続いてアルゼンチン側のＴＡＭＳＥ社がさらなる改良を加えて、１９７９年からアルゼンチン国内で大部分の構成部品を国産化して量産が始められた。

このＴＡＭは、マルダーの車体をベースにしているため、車体前部右側が機関室になっており、車体後部に砲塔が搭載されている。主砲は、当初はイギリスのロイヤル・オードナンス社で開発された１０５㎜戦車砲Ｌ７を搭載していたが、のちに西ドイツのラインメタル社で開発されたRh・１０５・30 １０５㎜戦車砲のアルゼンチン版であるFM K.4 Modelo 1Lに換装された。生産数は２８０両とされている。

ブラジルのエンゲサ（エンゲーザとも表記される）社は、自国軍だけでなく輸出市場も狙って新型の主力戦車の開発に着手し、１９８４年に最初の試作車が完成。ＥＥ・Ｔ１オソリオ（オゾーリオとも表記される）と名付けられた。主砲は、ロイヤル・オードナンス社製の１０５㎜戦車砲Ｌ7か、フランスのＧＩＡＴ社製の１２０㎜滑腔砲ＣＮ・１２０・Ｇ１を選択でき

TAM

西ドイツのマルダー歩兵戦闘車をベースに開発されたのがアルゼンチンのＴＡＭ戦車。南米、特にアルゼンチンは伝統的にドイツとのつながりが深いのよね～

主砲は105㎜砲だけど、装甲は最大で25㎜。車体前にエンジン、後ろに砲塔があって、レイアウトはメルカヴァに似てるね

るようになっており、西ドイツのMWM社製のディーゼル・エンジンを搭載し、独自開発の複合装甲を備えていた。しかし、1993年に同社が倒産したため、試作のみに終わっている。

ブラジルのエンゲザ社が試作した第3世代主力戦車のEE-T1オソリオ（Ph/Engesa）

EE-T1オソリオ

重量	38.9トン	全長(砲含む)	9.99m
全幅	3.26m	全高	2.84m
エンジン	MWM TBD234 V型12気筒液冷ディーゼル		
エンジン出力	1,040hp		
最高速度	70km/h（路上）	航続距離	550km
武装	51口径105mmライフル砲×1、7.62mm機関銃×1、12.7mm機関銃×1		
装甲	複合装甲	乗員	4名

■初出一覧■

ピンナップイラスト:描き下ろし

プロローグ:描き下ろし

第一講 : MC☆あくしずVol.51

第二講 : MC☆あくしずVol.52

第三講 : MC☆あくしずVol.53

第四講 : MC☆あくしずVol.54

第五講 : MC☆あくしずVol.55

第六講 : MC☆あくしずVol.56

第七講 : 書き下ろし

異世界転生で戦車太郎:描き下ろし

エピローグ:描き下ろし

妹兵器占いタイトルイラスト集:MC☆あくしずVol.47～54

■主要参考文献■

Jonathan M. House『Combined Arms Warfare in the Twentieth Century』
(University Press of Kansas、2001年)

David Eshel 『Chariots of the desert:The Story of the Israeli Armoured Corps』
(Brassey' s Defence Publishers Ltd.1989年)

ハイム・ヘルツォーグ(滝川義人訳)『図解中東戦争』(原書房、1990年)

ストライクアンドタクティカルマガジン2009年9月号別冊『戦後の日本戦車』(カマド、2009年)

田中賢一、森松俊夫『世界歩兵総覧』(図書出版社、1988年)

英国国際戦略研究所(防衛庁防衛局調査第二課訳)『ミリタリー・バランス』各号(朝雲新聞社)

オスプレイ・ミリタリー・シリーズ『世界の戦車イラストレイテッド』各巻(大日本絵画、2000年～)

『ミリタリー・クラシックス』各号 イカロス出版

『グランドパワー』各号 デルタ出版/ガリレオ出版

『戦車マガジン』 各号 戦車マガジン/デルタ出版

『PANZER』各号 サンデーアート社/アルゴノート

『丸』各号 潮書房光人社

『軍事研究』各号 ジャパン・ミリタリー・レビュー

（※このマンガは特装版付録のドラマCDをマンガ化したものです。）

目が
覚めた？
い…異世界!?
私は妖精
ノ・リコ！
異世界からやってきた
お姉ちゃんの
水先案内人って
ところね
ナルホド！
つまり――
ここは
オーラのロードが
オープンした
ワールドデスね！
そして
ワタシは
選ばれし
勇者！
さしずめ
戦車太郎と
いうとこ
カナ？
ペカーッ
…は、話が
早くて
助かるよ
……

お姉ちゃんが勇者かどうかはともかくこの世界には魔王がいて人間の国を乗っ取ろうと――
あーそんなテンプレ説明どうでもいいデス！
チートですよチート！
便利で超最強なチート能力をくだサイ！
う～んこっちにも段取りってものがあるんだけど…
どんなのにする？
う～ん…
ここは保留でお願いしマス
いくら凄い能力を手に入れても――
それを褒めたたえてくれる取り巻きがいなくては承認欲求が満たされませんカラね！
いわゆる「さすおに（※）」要員デス
引き立て役
さあ仲間を探しに出発デース！
TAVERN
……
なんでこんなに早くこの世界に順応してるんだろう

（※）…さすがはお兄様です

やはりファンタジーの冒頭は酒場デスよね！

そうだねここならきっと

ザワ

職にあぶれた冒険者達がたむろしてるはずだよ

ザワ

さしずめ中世のハローワークでしょうカ…

無職なのに昼間から酒とかクズですネ！

ビールクズデス♥

くけけけ…

イラッ…

ドドン!
騎士を侮辱するなんて許さないわよ!
ドン!
ヒエ…暴力反対!
ガちゃ!
斬る!
あわわ
はわ…?
やっぱり戦車バカ一代のヒルダデス
ぐら
ぐら
こ…この鎧
重くてバランスが!!
ガちゃんっ

ヨロ
よ…鎧が弾け飛んじゃった…
みんな大好きビキニアーマーデス！
ヨロ…
これは世に名高い
くっ…こんな辱めを受けるなんて
一思いに殺せ！
「くっころ」入りまシタ——！
ぎゃー
ちょっとあんた料理はまだ？
さっきからお代わり頼んでるんだけど
ワタシ店員じゃないデス…
ってって痴女!?
ダワイダワイ肉を持てー！

ってナターリャデスか…しかし肌色成分多すぎデス…
その娘人気の踊り子だったんだけど
食費がかさみ過ぎてクビになったんだって
ぶら
ぶら
ふん！あんな一座こっちから願い下げよ
ナターリャ このお料理代建て替えたの私だから早く返してね

こちらはエリリンデスか！
スリット入りシスター服とはまたマニア向けデスな！
言わないで…！
ゴッ
ゴッ
ゴッ
ゴッ

なるほど
これが初期
パーティー
デスね！

ちょっと
頼りない
けど――

この仲間（手下）と共に
魔王を倒す旅に
出発デス！

よっしゃ
前祝いに
どんちゃん
騒ぎだ――

ナターリヤ
お金無い
よー！

ホー

ホー

深い
森だねー

帰らずの森
って
言うのよ

なんでも
森の奥には
魔女や怪物が
棲み着いてる
っていう…

まあ私の
剣技があれば
安心…

ひゅ

ひゃあっ！
何者！
森から立ち去れ！
さもないと森の番人たるこの私が容赦しないわ！
ジェニたん!?
ザワ…
ザワ…
おっと
敵はその弓使い（アーチャー）だけじゃないわよ！
すッ
通りすがりの忍びもいるわ…
ぴぎゃ～～
アイエエエエエ！ニンジャ!? ニンジャナンデ!?
う…動かないでよ危ないでしょ！

…って
秋山教官じゃ
ないデスか
どうしたん
デス？
ニンジャの
コスプレ
なんかして
なんで私だけ
コスプレ扱い
なのよ！
他にも珍妙な
格好した
連中がいる
でしょ！
ぎにゃーーーっ！
珍妙とは
なによ！
この耳を見なさい
森の守護者
エルフ――
ゴブリン？
はっ倒すぞ
駄肉！
ムキー
誰か感度
3000倍
ですって？
こっちも
まあ――…
まだなにも
言って
ないデス
ドン
待って
お姉ちゃん
達！
フェアリー
レーダーに
反応が――
ズシン
ズシン
魔王軍だよ！

しゅらん
魔王軍滅すべし！
森の平和は私が守る！
じゃきっ
ふ…
どうやら人間同士で争ってる暇はなさそうね
のりちゃん
約束してたチート能力ここでくだサイ☆
いいけど
どんな能力か決めたの？
エエ決めましたとも…！この能力があれば
ぐふっぐふふふ…
セシルお姉ちゃんの方が魔物みたい…！
げへげへげへ

とうっ！
みんな無事!?
がんばれがんばれ♥♥
セシルは？あの子——
このまま じゃ埒が明かないわ
どけどけ——い！デス！

ガカン
ハイヨー！シルバーー！
なにあれ馬車？
これは馬車ではなく古代戦車チャリオットだよ！
どぞ
本当はルクレール戦車召喚したかったのに、世界の理とかデ…
ぽき
そこのけそこのけお馬が通るデスよーー！
ガカラッ
ぎゃー
でもゴブリンやらオーク程度でしたらこれで十分！ホント異世界は地獄だぜフゥハハハー！

ズズズズ

ちょっと
のりちゃん
セシルばかり
ずるくない？
ぎゃ
そうよ！
私達にも
なにか
ちょうだい！
ぎゃ
私達も
おもちゃ
欲しーい♥

しょーが
ないにゃー
じゃ…

ヒヒヒ…
いっぱい
倒したデスねー
このまま
魔王の元まで
快進撃を——
ゴゴゴゴ
どんッ！

ちょっと
待ったー！

あんただけに活躍させないわ！
ドン
この動く要塞を見なさい！
なんなんデスかアレー!!
あれはヴァーゲンブルク…
馬車の荷台を使った移動式の砦ね
じじ…
タンネンベルク・ガン発射用意…
フォイアー!
ボッ

ボッ
ガーン
ヒッ…鉄砲じゃないデスか
あんなのアリなんデスかのりちゃん!?
んーまあこのくらいはね
ズガガガガ
ドドドドドォン
バババッ
パパパパッ
負けてたまるか!
ゴウリャイ-ゴウラト(アゴーニ)撃てぇ!
ズシン
ぎゃ
ナターリャまで!?
2人ともチート過ぎマス～
ゴウリャイ-ゴゥラト…ロシア語で「さまよう町」を意味する移動式の大盾ね
ズドドドーン

道を開けねば
ミンチにして
やるぞ
クリーチャー
共め！
ズシャッ
…あ…
黒エリカ
デス…
カタパルト
いわゆる
投石機ね…
バネや梃子の
原理で
岩や火薬を
飛ばす
原始的な
投射兵器よ
パオーン！
古代の
重戦車
「戦象」！
なにもかも
踏み潰して
しまえ――！
ドドドドド

あばばばばばば
ひどいデス のりちゃん！
このままじゃ異世界で俺TUEEEができないじゃないデスか
知らんがな…
待ってセシルお姉ちゃん…
フェアリーレーダーに反応…青！
魔王です！
ズズズズ
弾種、榴弾！目標、魔王！
撃ッ！
教官！そーゆー主人公っぽい台詞はワタシに——
みんな！力を合わせて戦うわよ！

ぎゃあああっ
バキ バキ バキ バキ
こ…
この音は⁉
出番こんだけかよォ〜〜〜
戦車砲⁉
ま…
まさか

ゴオォォォオオ…ン
61式戦車の90㎜砲の味はいかがだったかしら？
魔王さん？
木っ端みじんだねー
ぎにゃー…
ってゆーかなんデスか!?強すぎる兵器は世界の理が禁止してるって
ボン…
――？世界の理？

わたわた…
!?
いえいえ
もちろん英雄は
真香さんです
私達は
従者ってゆーか
モブってゆーか…
じょ〜〜
ねえ
のりこ…
ぎろ〜〜

ドゥオオオオ
この世界に
英雄は何人も必要かしら？

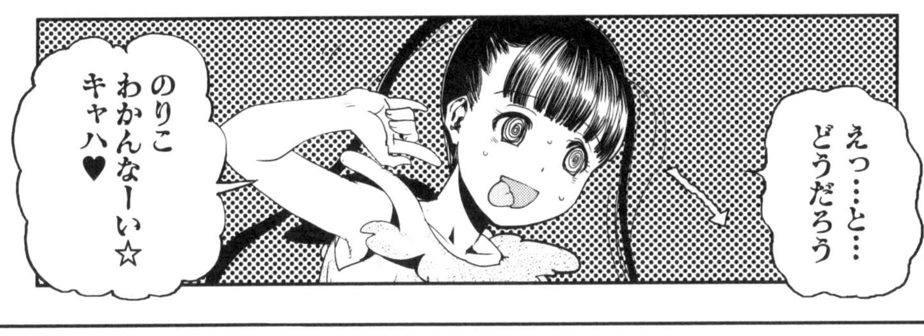

目標を
蹂躙(じゅうりん)セヨ！

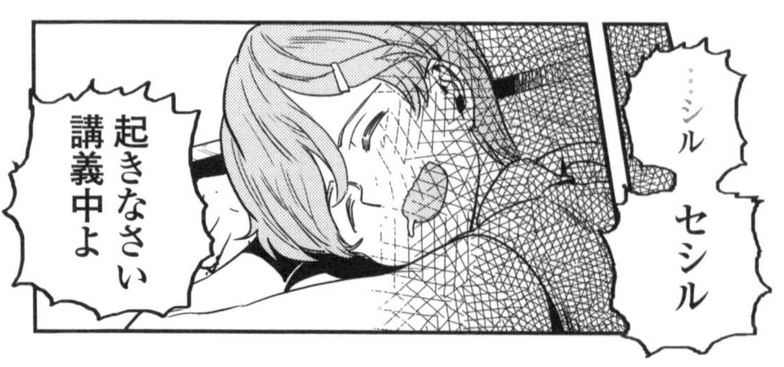

ムクリ…
むにゃ
むにゃ
あれ？
森の貧乳
エルフさん？
誰が
貧乳
だとぉ？
セシル
よだれ！
マヌケな
顔ね～

パキン
ボーー
まーた徹夜で
VRの
ネットゲーム
やってたの？
セシル～
私の授業で
爆睡とは
いい度胸ね

ぎゃぼー!
異世界の魔王より

現実世界の
条例の方が
手強いデスよー!!

おしまい

エピローグ …じゃなくて次号予告

そして始まる
わっ!
戦後戦史編!!
ドドドドド
朝鮮戦争中東戦争
ベトナム戦争から湾岸戦争まで
一気にご紹介します!
乞うご期待!
新キャラも出るかも!?
単行本まで我慢できない子は
MC☆あくしずも買ってねー♥
つづく

巻末おまけコーナー

妹兵器占い タイトルイラスト集

ここではMC☆あくしず連載の「萌ゆる！妹兵器占いリローデッド」から、「萌えよ！戦車学校」キャラが登場するタイトルイラストを抜粋して掲載するぞ。

MC☆あくしずVol.47掲載

NATO
new generations
MC☆あくしずVol.48掲載

MC☆あくしずVol.49掲載

MC☆あくしずVol.50掲載

MC☆あくしずVol.51掲載

MC☆あくしずVol.52掲載

MC☆あくしずVol.53掲載

MC☆あくしずVol.54掲載

初出：萌えよ！戦車学校Ⅴ型 一般書店用特典ペーパー

初出：萌えよ！戦車学校VI型 一般書店用特典ペーパー

初出：萌えよ！戦車学校Ⅶ型
一般書店用
特典ペーパー

初出：萌えよ！戦車学校Ⅶ型
「とらのあな」様用
特典ペーパー

機動しながら横方向に向けて主砲を発射する10式戦車。10式は優れた射撃統制装置を搭載しており、スラローム射撃を得意としている（写真/陸上自衛隊）

2020年8月31日発行

文　田村尚也
イラスト　野上武志
装丁&本文DTP　山田美保子
編集　浅井太輔
発行人　塩谷茂代
発行所　イカロス出版株式会社
〒162-8616 東京都新宿区市谷本村町2-3
[電話] 販売部 03-3267-2766
編集部 03-3267-2868
[URL] https://www.ikaros.jp/

印刷　図書印刷
Printed in Japan